Hans Bergmann / Renate Teifke

Training Mathematik

Textaufgaben 5./6. Schuljahr

Ernst Klett Verlag
Stuttgart Düsseldorf Leipzig

9 783129 270042

Bibliographische Information der Deutschen Bibliothek
Die Deutsche Bibliothek verzeichnet diese Publikation in der Deutschen Nationalbibliographie; detaillierte bibliographische Daten sind im Internet über http://dnb.ddb.de abrufbar

Auflage 5. 4. 3. 2. I 2007 2006 2005 2004
Die letzten Zahlen bezeichnen jeweils die Auflage und das Jahr des Druckes.

Internetadresse: http://www.klett-verlag.de
Zeichnungen: S. 5; 14; 17; 25; 35; 43; 93: Andreas Florian, Lübeck; sonstige: Sven Palmowski, Stuttgart
Umschlaggestaltung: Klett Marketing Design, Stuttgart
Umschlagfoto: Thomas Weccard, Ludwigsburg
Innenlayout: beluga design, Stuttgart
Satz: Schnitzer Druck, Korb
Druck und Binden: Konradin Druck GmbH, Leinfelden-Echterdingen
Printed in Germany.
ISBN 3-12-927004-3

Inhalt

4 Textaufgaben mit Zeitangaben 68

5 Textaufgaben mit Flächen- und Rauminhaltsberechnungen 80

Lösungen 94

Lösungspläne 157

Vorwort

Gehörst du zu den Schülerinnen und Schülern, die keine Textaufgaben mögen?
Doch die Beschäftigung mit Textaufgaben ist wichtig, denn überall wo man Mathematik anwendet, kommen Sachzusammenhänge vor, die meist in Form von Texten gegeben sind.
Das Lösen von Textaufgaben ist nicht schwierig, wenn man an die Aufgaben systematisch herangeht und sich einen Lösungsplan macht.
Solches Vorgehen kannst du lernen. Dieses Trainingsbuch will dir dabei helfen.

Wie sollst du mit dem Buch arbeiten?

Im **ersten Kapitel** kannst du nachschlagen, wie man mit Geldwerten, Längen und Gewichten rechnet. Außerdem wird dir noch einmal gezeigt, wie man mit Dezimalbrüchen (Kommazahlen) arbeitet.

Das **zweite und dritte Kapitel** beschäftigt sich mit dem Lösen von Textaufgaben. Es werden hier Lösungspläne und Lösungshilfen für Textaufgaben vorgestellt. Diese Lösungspläne findest du nochmals im Anhang zu diesem Trainingsbuch.
Schrittweise wird dir gezeigt, wie man einfache und dann auch zusammengesetzte Textaufgaben löst. Hier solltest du nach Möglichkeit jeweils einen ganzen Abschnitt bearbeiten. Orientiere dich dabei an dem betreffenden Lösungsplan.
Du wirst bald merken, dass das Beachten der Lösungspläne und Lösungshilfen keine Garantie für das Knacken jeder Textaufgabe ist. Es können immer wieder Schwierigkeiten auftreten. Du bist aber jetzt in der Lage, leichter eine Lösungsidee durch gezielte Maßnahmen zu finden, als vor dem Durcharbeiten dieser Kapitel.

Im **vierten und fünften Kapitel** findest du das Wichtigste über das Umgehen mit Zeiten, Flächeninhalten und Rauminhalten.
Vor allem im fünften Kapitel kannst du noch einmal üben, wie man mit Hilfe eines Lösungsplanes Textaufgaben löst.
Bedenke immer: Zu frühes Nachschlagen der Lösungen im Lösungsheft bringt dich um den Lernerfolg!
Und nun an die Arbeit! Du wirst sehen, auch du schaffst den Aufschwung in Mathe.

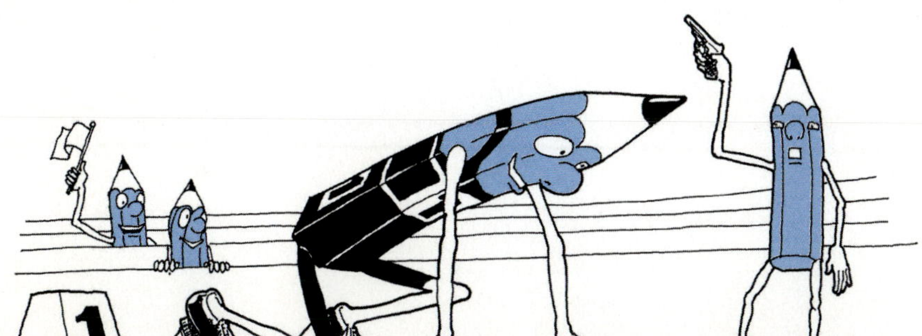

1 Rechnen mit Größen

Geldwerte

In diesem Kapitel 1 kannst du wiederholen, wie man Geldbeträge, Längenangaben und Gewichte verwandelt, mit und ohne Komma schreibt und mit ihnen rechnet.

Tipp Will man mit **Kommazahlen** rechnen, so verwandelt man sie entweder in eine kleinere Einheit ohne Komma oder rechnet gleich mit Komma.

Beispiel **Addieren:** 34,78 € + 0,46 € + 8,09 €

ohne Komma:

```
  3478 ct
+   46 ct
+  809 ct
----------
  4333 ct = 43,33 €
```

mit Komma:

```
  34,78 €
+  0,46 €
+  8,09 €
----------
  43,33 €
```

Multiplizieren: 56,89 € · 23

ohne Komma:

```
5689 ct · 23
-------------
 11378
  17067
-------------
 130847 ct
= 1308,47 €
```

mit Komma:

```
 2 Stellen
  ←
56,89 € · 23
-------------
  11378
   17067
-------------
  1308,47 €
       ←
    2 Stellen
```

Multipliziere, ohne auf das Komma zu achten. Streiche im Ergebnis so viele Stellen ab, wie der Dezimalbruch besitzt.

Dividieren durch eine ganze Zahl: 64,32 € : 8

ohne Komma:

```
6432 ct : 8 = 804 ct
64            = 8,04 €
--
 03
  0
 --
  32
  32
  --
   0
```

mit Komma:

```
64,32 € : 8 = 8,04 €
64 ───────────┘
--
 03
  0
 --
  32
  32
  --
   0
```

Dividiere wie üblich. Wenn du jedoch das Komma überschreitest, setze auch im Ergebnis ein Komma.

Dividieren durch eine Kommazahl: 17,50 € : 2,50 €

ohne Komma:

17,50 € : 2,50 €
1750 ct : 250 ct = 7
1750
0

mit Kommazahlen so:

17,50 € : 2,50 €
1750 € : 250 € = 7
1750
0

Du dividierst durch eine Kommazahl, indem du bei beiden Zahlen das Komma um gleich viele Stellen nach rechts verschiebst, so dass durch eine ganze Zahl geteilt wird.

1.

Silke zählt Geld. Sie hat 15 € und 8 ct. Sie notiert: 15,08 €. Schreibe auch diese Geldwerte mit Komma. Bedenke: Das Komma trennt € und ct.

a) 6 € 13 ct = ______
84 ct = ______
18 € 60 ct = ______

b) 39 ct = ______
8 € 5 ct = ______
6 ct = ______

c) 4 € 4 ct = ______
8 € = ______
3 € 17 ct = ______

2.

Wie viel € und ct sind es?

a) 9,70 € = 9 € 70 ct
8,95 € = ______
6,02 € = ______

b) 0,20 € = ______
3,03 € = ______
5,14 € = ______

c) 0,05 € = ______
7,40 € = ______
0,90 € = ______

3.

Verwandle in Cent: 1 € = 100 ct

a) 3,04 € = 304 ct
1,40 € = ______
0,28 € = ______

b) 0,07 € = ______
8,60 € = ______
3,74 € = ______

c) 9,98 € = ______
0,20 € = ______
0,07 € = ______

4.

Schreibe erst als € und ct und dann mit Komma:

a) 205 ct = 2 € 5 ct = 2,05 €

820 ct = ____________

40 ct = ____________

1008 ct = ____________

b) 81 ct = 0 € 81 ct = ____________

402 ct = ____________

3 ct = ____________

700 ct = ____________

5.

Berechne auf eine der beiden Arten, mit oder ohne Komma:

a) 54,90 € + 13,05 € + 0,89 €

b) 8,90 € + 0,75 € + 1,03 €

c) 89,04 € + 0,40 € + 1,05 €

d) 56,98 € – 14,06 €

e) 809 € – 56,98 € – 0,45 €

f) 13,04 € – 0,82 € – 5,40 €

6.

Rechne ebenso mit oder ohne Komma:

a) 78,09 € · 5

b) 345,90 € · 34

c) 89,02 € · 48

d) 0,76 € · 23

e) 15,97 € · 8

f) 20,78 € · 63

g) 3,98 € · 12

h) 48,05 € · 60

i) 10,35 € · 7

7.

Berechne mit oder ohne Komma:

a) 578,88 € : 8

17,40 € : 12

1,08 € : 6

b) 11,04 € : 6

0,56 € : 7

61,50 € : 15

c) 246,72 € : 24

74,56 € : 4

14,76 € : 18

8.

Löse so, wie du es am besten kannst!

a) 3,63 € : 1,21 €

8,70 € : 1,45 €

38,40 € : 0,60 €

b) 7 € : 0,50 €

60 € : 1,20 €

102 € : 5,10 €

c) 8,82 € : 1,47 €

588 € : 2,80 €

77,04 € : 8,56 €

Längen

Längen werden in **km**, **m**, **dm**, **cm** oder **mm** gemessen.

1 km = 1000 m
1 m = 10 dm = 100 cm
1 dm = 10 cm
1 cm = 10 mm

	· 10		· 10		· 10		· 1000	
1 mm	→	1 cm	→	1 dm	→	1 m	→	1 km

1.

Wandle um:

a) 5 km = 5000 m 205 km = ________ m

80 km = ________ m 66 km = ________ m

b) 6 dm = ________ cm 18 m = ________ cm

4 m = ________ cm 50 dm = ________ cm

c) 5 cm = ________ mm 2 cm = ________ mm

8 dm = ________ mm 84 cm = ________ mm

2.

Verwandle:

a) 2 000 m = 2 km

43 000 m = ______ km

6 000 m = ______ km

b) 200 dm = ______ m

80 dm = ______ m

620 dm = ______ m

c) 380 mm = ______ cm

70 mm = ______ cm

3.

Längenmaße schreibt man häufig mit Komma.

Beispiel: 13 km 50 m = 13,050 km   8 m 35 cm = 8,35 m

a) 3 km 8 m = 3,008 km

18 km 21 m = ________ km

7 m 16 cm = ________ m

28 dm 4 cm = ________ dm

b) 25 m 38 cm = ________ m

7 m 6 cm = ________ m

8 km 15 m = ________ km

60 cm 5 mm = ________ cm

4.

Schreibe mit Komma:

a) 1435 m = 1,435 km

470 m = ________ km

2000 m = ________

70 m = ________

b) 620 cm = ________ m

80 cm = ________

7413 cm = ________

4 cm = ________

c) 80 mm = ________ cm

7 mm = ________

342 mm = ________

28 mm = ________

5.

Verwandle in die angegebene Einheit:

a) 3,47 m = ________ cm

0,50 m = ________

18,23 m = ________

b) 8,971 km = ________ m

0,023 km = ________

13,450 km = ________

c) 13,9 cm = ________ mm

7,0 cm = ________

0,4 cm = ________

50,2 cm = ________

Umwandeln in eine Maßeinheit

Aufgaben mit verschiedenen Längenangaben muss man vor dem Rechnen erst durch Umwandeln vereinheitlichen.

Beispiel

Addieren: 14,35 m + 40 cm + 0,3 dm

In die **kleinste** vorkommende Einheit verwandeln!

ohne Komma:

1435 cm
\+ 40 cm
\+ 3 cm
1478 cm
= 14,78 m

mit Komma:

14,35 m
\+ 0,40 m
\+ 0,03 m
14,78 m

In die **größte** vorkommende Einheit verwandeln!

Multiplizieren: 7,35 m · 4

ohne Komma:

735 cm · 4
2940 cm
= 29,40 m

mit Komma:

7,35 m · 4
29,40 m

Dividieren: 7,500 km : 500 m

ohne Komma:

7500 m : 500 m = 15
500
2500
2500
0

mit Komma:

7,500 km : 0,5 km
75,00 km : 5 km = 15

6.
Rechne selbst:

a) 3 km + 720 m + 0,478 km

b) 38,24 m – 79 cm

c) 7,89 m · 5

d) 4,750 km · 21

e) 3,15 m : 35 cm

f) 2,250 km : 75 m

Gewichte

Gewichte werden in **Tonnen (t)**, **Kilogramm (kg)** und **Gramm (g)** angegeben.

1 t = 1000 kg

1 kg = 1000 g

$1\,\text{g} \xrightarrow{\cdot 1000} 1\,\text{kg} \xrightarrow{\cdot 1000} 1\,\text{t}$

1.

Wandle um:

a) 3800 g = 3 kg 800 g = 3,800 kg

4075 g = ____________________ kg

8004 g = ____________________

72 300 g = ____________________

b) 4903 kg = 4 t 903 kg = ____________________ t

9700 kg = ____________________

650 kg = ____________________

1240 kg = ____________________

2.

Schreibe ohne Komma:

a) 6,085 kg = 6 kg 85 g = 6085 g

0,500 kg = ____________________ g

2,070 kg = ____________________

0,009 kg = ____________________

b) 13,420 t = ____________________ kg

4,200 t = ____________________

0,070 t = ____________________

1,008 t = ____________________

Beachte **Überflüssige Nullen lässt man häufig weg:**

800 kg = 0,800 t = 0,8 t; 1450 g = 1,450 kg = 1,45 kg

3.
Verwandle in die angegebene Einheit:

a) 750 g = ____________ kg
80 g = ____________
1500 g = ____________
3000 g = ____________

b) 26 000 g = ____________ kg
900 g = ____________
6 g = ____________
150 g = ____________

c) 4800 kg = ____________ t
17 kg = ____________
23 400 kg = ____________
206 kg = ____________

d) 6000 kg = ____________ t
55 kg = ____________
200 kg = ____________
4 kg = ____________

e) 0,42 kg = ____________ g
9,7 kg = ____________
0,08 kg = ____________
3,004 kg = ____________

f) 31,980 t = ____________ kg
12,4 t = ____________
0,5 t = ____________
3,048 t = ____________

4.
Berechne schriftlich, mit oder ohne Kommazahlen. Verwandle zunächst in dieselbe Einheit:

a) 13,214 t + 847 kg + 0,5 t
b) 38,25 kg + 4100 g + 0,024 kg
c) 5,837 kg + 0,57 kg + 25 g
d) 7,682 kg – 695 g
e) 100,75 t – 23,459 t – 0,043 t
f) 28,08 kg – 400 g – 0,073 kg

5.
Führe auch hier die Rechnungen mit oder ohne Kommazahlen durch:

a) 15,2 t · 8
b) 2,780 kg · 14
c) 0,625 t · 25
d) 30,390 kg : 15
e) 73,68 t : 12
f) 10,256 kg : 8
g) 10,8 kg : 1,8 kg
h) 47,020 t : 0,02 t
i) 7,5 kg : 1,5 kg
j) 3,450 kg : 50 g
k) 0,128 t : 4 kg
l) 35 kg : 250 g

2 Einfache Textaufgaben

Lösungsplan 1

Als Erstes sollst du das Lösen von Sachaufgaben mit einfach gebauten Textaufgaben beginnen. In einem späteren Abschnitt lernst du dann, wie man zusammengesetzte Sachaufgaben löst.

Einfache Textaufgaben bearbeitet man nach folgendem **Lösungsplan 1:**

Lösungsplan 1

1. **Lies** die ganze Aufgabe gründlich durch.
2. Was ist **gesucht**?
3. Was ist **gegeben**?
   Welche Angaben im Aufgabentext sind also für das Lösen der Aufgabe wichtig? Notiere sie in Kurzform.
4. Prüfe den Aufgabentext daraufhin, ob bestimmte Ausdrücke (**Signalwörter**) auf eine bestimmte Rechenart hinweisen.
5. **Löse** jetzt die entsprechende Aufgabe.
6. **Kontrolliere** das Ergebnis.
7. Schreibe einen **Antwortsatz**.

Lies dir die Beispiele gründlich durch und fülle die Leerstellen aus:

Beispiel 1:

1. Aufgabe:
Jürgens Rennrad sollte 450 € kosten. Der Händler gibt einen Nachlass von 60 €. Wie viel € muss Jürgen bezahlen?

2. Gesucht:
Neuer Preis

3. Gegeben:
Alter Preis: 450 €
Nachlass: 60 €

4. Rechenart:
Nachlass → abziehen (−)

5. Lösung:
Rechne jetzt allein weiter und fülle die Leerstellen aus:

[Alter Preis] − [Nachlass] =

= [Neuer Preis]

________ − ________ = ________

6. Kontrolle:
Ergibt der neue Preis plus Nachlass den alten Preis?

________ + ________ = ________

7. Antwortsatz:
Das Rennrad ________________

____

Beispiel 2:

1. Aufgabe:
Christian legt mit seinen Freunden während einer 7-tägigen Radtour insgesamt 420 km zurück. Wie viele km sind sie am Tag durchschnittlich gefahren?

2. Gesucht:
km pro Tag

3. Gegeben:
Gesamtstrecke: ____________

Anzahl der Tage: ____________

4. Rechenart:
durchschnittlich → teilen (:)

5. Lösung:

[Gesamtstrecke] : [Anzahl der Tage] =

= [durchschnittliche Strecke]

________ : ________ = ________

6. Kontrolle:
Ist das 7fache der durchschnittlichen Strecke gleich der Gesamtstrecke?

________ · ________ = ________

7. Antwortsatz:
Sie legen jeden ________________

____

Gesucht – Gegeben

Du sollst von jeder der folgenden Aufgaben notieren, was gesucht und was gegeben ist:

1.
Jürgen hat 120 € gespart. Er kauft sich für 35 € eine Fahrradbeleuchtung. Wie viel Geld behält er übrig?

Gesucht: übrig gebliebenes Geld (Restbetrag)

Gegeben: ______ € gespart; ______ € Fahrradbeleuchtung

2.
Welchen Betrag musst du zurückbekommen, wenn du für 8,50 € einkaufst und mit einem 10-€-Schein bezahlst?

Gesucht: ______________________________

Gegeben: ______________________________

Notiere jetzt in deinem Heft, was jeweils gesucht und was gegeben ist.

3.
Martin hat in seiner Briefmarkensammlung 135 französische und 318 deutsche Briefmarken. Wie viele Briefmarken sind das zusammen?

4.
Zu einer Wohnung gehören 6 Fenster. Wie viele Wohnungen sind in einem Hochhaus, das 126 Fenster hat?

5.
Wie viel € hat Ina nach 4 Wochen gespart, wenn sie jede Woche 6 € Taschengeld erhält und die ganze Zeit nichts ausgibt?

6.
Der Briefträger muss 598 Postsendungen austragen. 345 hat er schon abgeliefert. Wie viel Post muss er noch austragen?

Signalwörter

Bei vielen Aufgaben weisen bestimmte Wörter des Aufgabentextes auf die richtige **Rechenart** hin, die du beim Lösen der Aufgabe verwenden musst. Man nennt solche Wörter auch **Signalwörter**.

„zusammen“ ist der Hinweis auf (+) „verteilen“ ist der Hinweis auf (:) **Beispiel**

1.
Auf welche Rechenarten können diese Signalwörter hinweisen?

mehr	→ ◯ ;	weniger	→ ◯
dazu	→ ◯ ;	weg	→ ◯
übrig bleiben	→ ◯ ;	insgesamt	→ ◯
aufteilen	→ ◯ ;	vervielfachen	→ ◯
die Hälfte	→ ◯ ;	das Dreifache	→ ◯

Die meisten Signalwörter kannst du nur deuten, wenn du den gesamten Aufgabentext betrachtest.

Tipp

Es wird immer von einer Einheit (1 Tag, 1 Woche, 1 Seite) durch **Multiplizieren** auf eine Vielheit (7 Tage, 4 Wochen, 5 Seiten) oder umgekehrt von einer Vielheit durch **Dividieren** auf eine Einheit geschlossen.

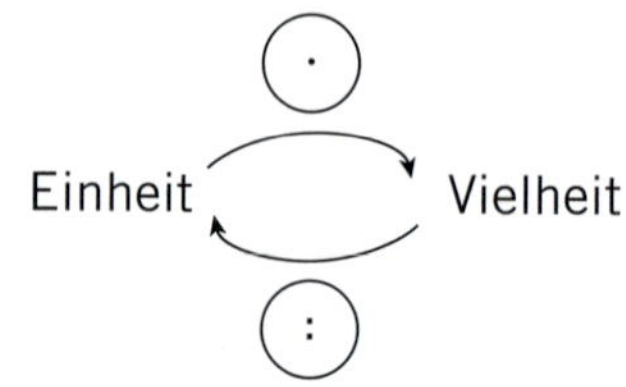

Beispiel

Martin erhält jede Woche 5 € Taschengeld. Wie viel € sind das im Monat (1 Monat = 4 Wochen)?

1 Woche / 1 Monat → (·)
(1 Woche / 4 Wochen)

Im Urlaub müssen die Eltern für eine Woche 630 € bezahlen. Wie teuer ist jeder Tag?

1 Woche / 1 Tag → (:)
(7 Tage / 1 Tag)

Unterstreiche die Signalwörter und schreibe auf, was sie bedeuten.

2.
Renate geht auf Klassenfahrt. Ein Tag kostet 35 €. Sie wird eine Woche unterwegs sein. Wie viel kostet die Fahrt?

______________________________ → ( )

3.
Wie viele Bilder passen auf 12 Seiten eines Fotoalbums, wenn auf jeder Seite 6 Bilder eingeklebt werden sollen?

1 Seite / 12 Seiten → ( )

4.
Martin hat 8 Seiten mit je 5 Bildern beklebt. Wie viele Bilder sind es insgesamt?

Tipp „je“ bedeutet hier „jeweils auf **einer** Seite“.

______________________________ → ( )

5.
Vater kauft 3 Kisten Apfelsaft mit je 20 Flaschen. Wie viele Flaschen sind das?

____________________ → ◯

6.
Jasmin besitzt 90 Fußballbilder. Sie legt jeweils 5 Bilder auf einen Stapel. Wie viele Stapel ergeben sich so?

90 Bilder / 5 Bilder auf einen Stapel → ◯

7.
Annika steckt 60 Briefmarken in ihr Album. Wie viele Seiten benötigt sie, wenn es pro Seite immer 10 Briefmarken sind?

„pro“ bedeutet hier „jeweils auf **einer** Seite“. Tipp

____________________ → ◯

8.
Ein Vertreter fährt mit dem Auto pro Tag 250 km. Wie viel km sind es in 4 Tagen?

____________________ → ◯

9.
150 Bälle sollen so verpackt werden, dass in jede Kiste 6 Bälle kommen. Wie groß ist die Anzahl der Kisten?

____________________ → ◯

10.
420 Schüler einer Schule machen einen Ausflug. In jeden Bus passen 30 Schüler. Wie viele Busse müssen bestellt werden?

____________________ → ◯

11.
Die Realschule Heidenstraße wird von 500 Schülern besucht. Die Hälfte der Schüler kommt zu Fuß. Wie viele Schüler sind das?

____________________ → ◯

12.

Maria ist 9 Jahre alt. Ihre Großmutter ist neunmal so alt. Wie alt ist sie also?

______________________________ → ◯

13.

Bei einer Geburtstagsfeier wurden 28 Schokoküsse an 7 Kinder verteilt. Wie viele Schokoküsse erhielt jedes Kind?

______________________________ → ◯

14.

Notiere in deinem Heft von jeder der Aufgaben 2–13 was gesucht und was gegeben ist.

In den folgenden Aufgaben sind Signalwörter enthalten, die auf (–) oder (+) hinweisen.

Beispiel Ulrike kauft sich ein Buch für 12,50 €. Sie bezahlt mit einem 20-€-Schein. Wie viel Geld <u>bekommt</u> sie <u>zurück</u>?

bekommt zurück → (–)

Georg gewinnt beim Kniffeln im ersten Spiel 140 Punkte. Im zweiten Spiel hat er sogar 170 Punkte. Welche Punktzahl hat er <u>insgesamt</u>?

insgesamt → (+)

Suche aus den folgenden Aufgaben die Signalwörter heraus und gib die entsprechende Rechenoperation an:

15.

Im Elektromarkt ist ein Walkman mit 149 € ausgezeichnet. Der Verkäufer gewährt Jan einen Nachlass von 15 €. Wie teuer ist der Walkman jetzt?

Nachlass → ◯

16.
In einem Korb beim Bäcker liegen 50 Brötchen. Heike kauft 12 Brötchen. Wie viele Brötchen bleiben übrig?

______________________________ → ◯

17.
Frau Huber bepflanzt ihre Balkonkästen mit 12 Geranien, 3 Margeriten und 9 Pantoffelblumen. Wie viele Pflanzen sind das zusammen?

______________________________ → ◯

18.
Sebastian hat 350 € auf seinem Sparbuch. Wie viel € fehlen ihm noch, um sich ein Fahrrad für 480 € zu kaufen?

______________________________ → ◯

19.
Ein Theater hat 850 Sitzplätze. 500 Karten sind schon verkauft. Wie viele Karten sind noch zu haben?

______________________________ → ◯

20.
Wie viele Bonbons bleiben für Ina übrig, wenn Axel aus einer Tüte mit 82 Bonbons 48 herausnimmt?

______________________________ → ◯

21.
Christina besitzt 35 Bücher. Zum Geburtstag bekommt sie noch 6 weitere. Wie viele Bücher hat sie jetzt?

______________________________ → ◯

22.
Schreibe von den Aufgaben 15–21 auf, was gesucht und was gegeben ist.

Deute die Signalwörter:

23.
In einer Straßenbahn sind 38 Plätze besetzt. An der nächsten Haltestelle steigen 14 Personen ein. Wie viele Personen sind insgesamt in der Straßenbahn?

24.
Martina kauft im Supermarkt 2 Netze mit je 15 Mandarinen. Wie viele Mandarinen hat sie gekauft?

25.
Wie viele Bilder sind auf jeder Seite, wenn 48 Fotos gleichmäßig auf 8 Seiten im Fotoalbum verteilt sind?

26.
Bei einer Zirkusvorstellung wurden 12 000 € eingenommen. Wie viele Personen befanden sich in der Vorstellung, wenn jede Eintrittskarte 15 € kostete?

27.
Henning und Andrea machen in den Ferien eine Radtour. Am ersten Tag fahren sie 38 km, am zweiten Tag 42 km und am dritten Tag 36 km. Wie viel km fahren sie insgesamt?

28.
Die Seilbahn zum Wurmberg fährt in der Stunde dreimal. Bei jeder Fahrt können 56 Personen mitfahren. Wie viele Fahrgäste werden in einer Stunde befördert?

29.

Wie viele Bücher stehen noch im Regal, wenn von 172 Büchern 88 Bücher ausgeliehen wurden?

____________________ → ○

30.

Bauer Kahle hat im letzten Jahr 5600 kg Zuckerrüben geerntet. Dieses Jahr sind es 1800 kg mehr. Wie viel kg Zuckerrüben sind das insgesamt?

____________________ → ○

31.

Frau Schumann spart seit 6 Monaten für einen neuen Fernseher. Sie legt monatlich 80 € zurück. Wie viel Geld hat sie schon zusammen?

____________________ → ○

32.

Julia hat 50 € in ihrem Portmonee. Sie kauft sich eine CD für 18 €. Welchen Betrag erhält sie zurück?

____________________ → ○

33.

Peter bezahlt für einen Strauß mit 9 roten Rosen 22,50 €. Wie viel € kostet eine Rose?

____________________ → ○

34.

Wie viele Bratwürste haben die Partygäste gegessen, wenn von 148 Würsten nur noch 62 übrig sind?

____________________ → ○

Das Lösen von Aufgaben

Jetzt kannst du die Aufgaben mit Hilfe des Lösungsplanes lösen. Berücksichtige dabei die einzelnen Punkte des Lösungsplans 1 (s. S. 14).

Beispiel

1. **Aufgabe:** Marcel bekommt zum Geburtstag 100 €. Er kauft sich für 85 € einen Gameboy. Wie viel Geld behält er übrig?
2. **Gesucht:** übrig gebliebenes Geld
3. **Gegeben:** geschenktes Geld: 100 €
   Gameboypreis: 85 €
4. **Rechenart:** übrig → (−)
5. **Lösung:** geschenktes Geld − Gameboypreis = übrig gebliebenes Geld
   100 € − 85 € = 15 €

Löse die folgenden Aufgaben in gleicher Weise:

1.

Herr Börner fährt mit seinem neuen Auto am Samstag 240 km, am Sonntag 350 km. Wie viel km fährt er insgesamt?

2. **Gesucht:** ______________________
3. **Gegeben:** ______________________
4. **Rechenart:** ______________________ → ( )
5. **Lösung:** ______________________

2.

Frau Meyer kauft auf dem Wochenmarkt 5 kg Apfelsinen. 1 kg Apfelsinen kostet 2,50 €. Wie teuer sind die Apfelsinen?

2. **Gesucht:** ______________________
3. **Gegeben:** ______________________
4. **Rechenart:** ______________________ → ( )
5. **Lösung:** ______________________

Bei den folgenden Aufgaben sollst du die vier Rechenschritte in dein Heft schreiben:

3.
Julia spart von ihrem Taschengeld jeden Monat 15 €. Wie viel Geld hat sie in einem Jahr gespart?

4.
Im Parkhaus Wendentor sind 278 Parkplätze belegt und 417 noch frei. Wie viele Parkplätze hat das Parkhaus insgesamt?

5.
Familie Heinzmann besucht eine Schultheateraufführung. Eine Theaterkarte kostet für Kinder 8 €. Für Erwachsene ist sie doppelt so teuer. Wie viel € müssen also Erwachsene bezahlen?

Doppelt bedeutet „zweimal“.

Tipp

6.
In der Klassenbücherei sind von 158 Büchern 72 ausgeliehen. Wie viele Bücher sind noch vorhanden?

7.
Wie viel km sind Henning und Birte jeden Tag durchschnittlich gefahren, wenn sie bei einer Radtour in 7 Tagen 315 km zurückgelegt haben?

8.
Frau Schumann bezahlt beim Bäcker für 8 Sesambrötchen 3,60 €. Wie viel kostet 1 Brötchen?

Kontrollieren ist wichtig

Jede Rechenaufgabe lässt sich durch eine **Umkehraufgabe** überprüfen:

Beispiel

Aufgabe			→	**Umkehraufgabe**		
4 m	(· 5)	= 20 m	→	20 m	(: 5)	= 4 m
12 €	(: 3)	= 4 €	→	4 €	(· 3)	= 12 €
8 kg	(– 5 kg)	= 3 kg	→	3 kg	(+ 5 kg)	= 8 kg
9 d	(+ 3 d)	= 12 d	→	12 d	(– 3 d)	= 9 d

1.
Timo hat diese Aufgabe so gerechnet:

In einem Bus sitzen 42 Personen. An der nächsten Haltestelle steigen 15 Personen aus, aber niemand steigt ein. Wie viele Personen befinden sich noch im Bus?

2. **Gesucht:** übrig gebliebene Personen

3. **Gegeben:** Alle Personen: 42
ausgestiegene Personen: 15

4. **Rechenart:** aussteigen → (–)

5. **Lösung:** Alle Personen – ausg. Personen = übrig gebl. Pers.
42 Personen – 15 Personen = 17 Personen

a) Wie lautet die Umkehraufgabe zu dieser Rechnung?

____

b) Hat Timo richtig gerechnet? __________

c) Wie muss die richtige Lösung lauten? ____________________

2.
Schreibe zu jeder Aufgabe jeweils die Umkehraufgabe auf:

12 kg : 3 = 4 kg → 4 kg ____________________

25 m · 4 = ______ → ____________________

80 € – 20 € = ________ → ______________________________

120 kg + 40 kg = ________ → ______________________________

3.

Überprüfe durch eine Umkehraufgabe, ob du diese Aufgaben richtig gerechnet hast.

a) Familie Meier hat bei einer 4-tägigen Wanderung durch den Schwarzwald 48 km zurückgelegt. Wie viele km wurden am Tag gewandert?

Lösung:	Gesamtstrecke	:	Anzahl der Tage	=	Strecke am Tag
	48 km	:	4	=	12 km
Kontrolle:	Strecke am Tag	·		=	
	12 km				

12 km ______________________________

b) Max kauft im Supermarkt für seinen Hund 6 Dosen Hundefutter. Eine Dose kostet 1,50 €. Wie viel € muss er bezahlen?

Lösung:	Preis für 1 Dose	·	Anzahl der Dosen	=	Gesamtpreis
	1,50 €	·	6	=	________

Notiere hier nur noch die Kontrollrechnung.

Kontrolle: ______________________________

c) Frau Böker hat sich eine Hose für 119 € und eine Bluse für 69 € gekauft. Sie überlegt, was sie bezahlen muss.

Lösung:	Hosenpreis	+	Blusenpreis	=	insgesamt
	119 €	+	69 €	=	________

Kontrolle: ______________________________

d) Als Stammkunde bei Sport-Meyer bekommt Olaf den Tennisschläger 15 € günstiger. Der Schläger ist mit 97 € ausgezeichnet.

Lösung:	Preis für Ware	–	Nachlass	=	Endpreis
	97 €	–	15 €	=	________

Kontrolle: ______________________________

In unseren Lösungsplan wollen wir jetzt auch immer die **Kontrollrechnung** einbeziehen. Bilde also zur gerechneten Aufgabe die Umkehraufgabe und löse sie zur Kontrolle.

4.
Die Strecke Stuttgart – Frankfurt beträgt auf der Landstraße 253 km. Auf der Autobahn sind es nur 210 km. Wie groß ist der Unterschied?

2. **Gesucht:** ______________________________

3. **Gegeben:** ______________________________

4. **Rechenart:** ______________________________

5. **Lösung:** ______________________________

____

6. **Kontrolle:** ______________________________

5.
Zum Basteln eines Bilderrahmens sägt Petra von einer 3 m langen Fußleiste 30 cm ab. Wie lang ist der Rest der Fußleiste?

6.
Bei Ninas Geburtstagsfeier haben 12 Personen jeweils 3 Stück Torte gegessen. Wie viele Stücke sind das insgesamt?

7.
Auf einer Geflügelfarm sollen 324 Eier so verpackt werden, dass jeweils 6 Eier in einen Karton kommen. Wie viele Kartons braucht man?

8.
Nico bekommt zum Geburtstag von seiner Oma 50 € geschenkt. Er zahlt den Betrag auf sein Sparkonto ein, auf dem schon 170 € eingetragen sind. Wie viel Geld besitzt er insgesamt?

Der Antwortsatz schließt eine Aufgabe ab

Den Abschluss einer Aufgabe bildet immer der **Antwortsatz**. Um ihn zu finden, lies dir noch einmal die Frage durch und überlege, was gesucht war.

Beispiel

Ein Losverkäufer verkauft am Vormittag 180 Lose und am Nachmittag 240 Lose. Wie viele Lose sind das insgesamt?

2. **Gesucht**: Anzahl der verkauften Lose

3. **Gegeben**: Lose vormittags: 180
   Lose nachmittags: 240

4. **Rechenart**: insgesamt → (+)

5. **Lösung**: [Lose vormittags] + [Lose nachmittags] = [Lose insgesamt]
   180 + 240 = 420

6. **Kontrolle**: [Lose insgesamt] – [Lose nachmittags] = [Lose vormittags]
   420 – 240 = 180

7. **Antwortsatz**: Es wurden insgesamt 420 Lose verkauft.

Löse die folgenden Aufgaben ebenso:

1.
Thomas bezahlt für 4 Flaschen Limonade 3,20 €. Wie viel kostet eine Flasche?

2.
Auf Karins Sparbuch sind 78 €. Heute zahlt sie noch 16 € ein. Wie viel € sind jetzt auf ihrem Sparbuch?

3.
Frau Töpfer kauft 3 Paar Strümpfe zu je 9,99 €. Was muss sie bezahlen?

4.
Wie viel hat Herr Schneider gespart, wenn er einen Mantel, der eigentlich 478 € kosten sollte, für 299 € bekam?

Bilde selbst Aufgaben

1.

a) Hier ist von 4 Aufgaben der Text durcheinander geraten. Setze sie wieder richtig zusammen:

Petra spart jede Woche 5 €.

Julia bezahlt 4,50 € für Bonbons.

Wie viel € erhält er zurück?

Wie viel € hat sie in 8 Wochen?

Wie viele Tüten kauft sie?

Eine Tüte kostet 1,50 €.

Ulf kauft ein Auto für 8,50 €.

Er bezahlt mit einem 20-€-Schein.

197 Autos müssen noch verladen werden.

Wie viele Autos sind es insgesamt?

Auf einer Autofähre stehen schon 285 Autos.

b) Löse die Aufgaben, wie du es gelernt hast.

2.

Füge auch hier die Textteile richtig zusammen und löse die vier Aufgaben:

- Jan möchte sich eine Lokomotive für 180 € kaufen.
- Beim Sportfest wirft Ina den Ball 26 m weit.
- Wie viel € muss sie bezahlen?
- Wie alt ist Karola?
- Wie viel Meter wirft Katrin, wenn ihr Ball 5 m weiter fliegt?
- Wie lange muss er sparen, wenn er jeden Monat 15 € zurücklegt?
- Björn ist 12 Jahre alt.
- Seine Schwester Karola ist 4 Jahre jünger.
- Anja kauft 4 Kinokarten zu je 9 €.

3.

Hier sollst du selbstständig Textaufgaben verfassen. Verwende jeweils die Angaben im Kasten:

Gewicht einer Dose: 870 g

Gesamtgewicht?

Die Aufgabe könnte so lauten: *Jan kauft 6 Dosen Pfirsiche. Eine Dose Pfirsiche wiegt 870 g. Wie viel g wiegen 6 Dosen?*

a) Gesamtpreis: 2,15 €

Preis pro Apfelsine?

b) Geldschein

50 € 28 €

Rückgeld?

3 Zusammengesetzte Textaufgaben

Lösungsplan 2

Das Lösen von zusammengesetzten Textaufgaben ist leider nicht immer einfach. Es gibt aber Möglichkeiten, solche Lösungsvorgänge zu trainieren. Wichtig ist, dass du dir bei Aufgaben, die du nicht auf Anhieb lösen kannst, einen **Lösungsplan** machst. Diesen Lösungsplan musst du dann Punkt für Punkt durcharbeiten.

Lösungsplan 2

1. **Lies** die ganze Aufgabe gründlich durch.
2. **Welcher Sachverhalt** wird in der Aufgabe dargestellt? **Wovon** handelt also die Aufgabe? Beschreibe den Sachverhalt mit eigenen Worten.
3. Was ist **gesucht?**
4. Was ist **gegeben?**
   Welche Angaben im Aufgabentext sind also für das Lösen der Aufgabe wichtig? Notiere sie in Kurzform.
5. Überlege dir den **Lösungsweg**. Falls du dabei Schwierigkeiten hast, prüfe, ob dich diese Lösungshilfen weiterbringen:
   a) Zerlege die Aufgabe in **Teilaufgaben**, unterstreiche die dafür wichtigen Angaben im Aufgabentext.
   b) Lege eine **Skizze** an.
   c) Arbeite mit einer **Tabelle**.
   d) Erinnerst du dich an eine ähnliche, schon gelöste Aufgabe?
6. Führe die **Rechnung** aus.
7. **Kontrolliere** das Ergebnis.
8. Schreibe einen **Antwortsatz**.

Beispiel

1. **Aufgabe:**
Martin muss bei seinen Eltern 160 € für sein Fahrrad in monatlichen Raten abzahlen. Für Januar bis August waren es monatlich 12 €. Ab September will er den Betrag so erhöhen, dass er bis Dezember alles bezahlt hat. Wie hoch sind die letzten Raten?

2. **Sachverhalt:**
160 € sollen in 12 Raten zurückgezahlt werden. Die letzten 4 Raten sind größer als die ersten 8.

3. **Gesucht:**
Höhe der letzten 4 Raten pro Monat.

4. **Gegeben:**
Gesamtbetrag: 160 €
Rate pro Monat (bis August): 12 €

5. **Lösungsweg (Tabelle):**

160 €

Jan.	Febr.	März	April	Mai	Juni	Juli	Aug.	Sept.	Okt.	Nov.	Dez.
12 €	12 €	12 €	12 €	12 €	12 €	12 €	12 €	?	?	?	?

8 · 12 €

Jetzt kannst du allein weiterrechnen. Fülle die Leerstellen aus:

6. **Rechnung:**
Insgesamt bis August: 8 · 12 € = ____________
Insgesamt ab September: 160 € – ____________ = ____________
Rate ab September: ____________ : 4 = ____________

7. **Kontrolle:**
Überprüfe, ob 8-mal die alte Rate plus 4-mal die neue Rate 160 € ergibt:
____________ · 8 + ____________ · 4 = 160 €

8. **Antwortsatz:**
Wie lautet der Antwortsatz?
Martin ____

Wovon handelt die Aufgabe?

Wenn man eine Aufgabe lösen will, muss man den Aufgabentext verstehen. Ohne dieses Verständnis ist keine Aufgabenlösung möglich. Du musst dich daher zunächst fragen: Wovon handelt diese Aufgabe? Welches ist ihr Sachverhalt?

Wenn man diesen Sachverhalt mit eigenen Worten beschreiben kann, weiß man, um was es bei der Aufgabe geht. Beschreibe von den folgenden Aufgaben jeweils den Sachverhalt. Lass unwichtige Einzelheiten weg.

Beispiel

1. Aufgabe:
   Stephan hat 200 € gespart. Er will sich dafür etwas für seine Eisenbahnanlage kaufen. Er nimmt eine Lokomotive für 109 €, einen Güterwagen für 56 € und ein Signal für 35 €. Wie viel Geld behält er übrig?

2. Sachverhalt:
   Stephan kauft für 109 €, 56 € und 35 € ein. Er besitzt 200 €.
   (Beim Beschreiben des Sachverhaltes sind diese unwichtigen Einzelheiten weggelassen: Eisenbahnanlage, Lokomotive, Güterwagen usw.)

Gehe bei den folgenden Aufgaben entsprechend vor. Versuche den Text möglichst kurz zu halten.

1.

Ein Parkhaus hat um 9 Uhr 458 leere Stellplätze. Zwischen 9 und 12 Uhr fahren 230 Autos hinein und 128 heraus. Wie viele Stellplätze sind um 12 Uhr noch frei?

2.

Der Kioskbesitzer am Bahnhof verkauft an einem Tag 350 Ansichtskarten zu je 40 ct, 210 Ansichtskarten zu je 50 ct. Außerdem verkauft er noch 500 Zeitungen zu 80 ct. Wie viel € nimmt er ein?

3.

Herr Meier kauft für eine Feier 3 Kisten Limonade zu je 8 € und 2 Kisten Mineralwasser zu je 6 €. Er muss für jede Kiste 3 € Pfand bezahlen. Wie hoch ist seine Rechnung?

4.
Ein Heizungsmonteur schneidet von einem 3 m langen Eisenrohr 4 Rohrstücke zu je 45 cm ab. Wie lang ist das restliche Stück?

5.
Frau Wippermann will sich schon lange eine Waschmaschine für 1490 € kaufen. Da sie den Kaufpreis nicht ganz bezahlen kann, zahlt sie 890 € an. Den Rest will sie in Monatsraten von 120 € abzahlen. Wie viele Monate dauert die Abzahlung?

6.
Ein Heizölhändler beliefert 3 Kunden. Sein Tankwagen enthält 6000 l Öl. Wie viel l Öl sind noch im Tank, wenn der erste Kunde 1200 l, der zweite doppelt so viel und der dritte Kunde 2000 l erhält?

7.
Frau Ziegenhorn besucht mit ihren Kindern Georg und Stephan eine Zirkusvorstellung. Erwachsene bezahlen 18 € Eintritt, Kinder die Hälfte. Frau Ziegenhorn zahlt an der Kasse mit einem 50-€-Schein. Wie viel Geld erhält sie zurück?

8.
Eine Fabrik stellt am Tag 18648 Tennisbälle her. Die Hälfte davon werden in Kartons zu je 6 Stück verpackt. Der Rest kommt in Dosen zu je 4 Stück. Wie viele Kartons und Dosen sind das am Tag?

Gesucht – Gegeben

1. **Beschreibe den Sachverhalt** mit eigenen Worten (Abschnitt 2 des Lösungsplanes). Wenn es nicht verlangt wird, brauchst du dies nicht zu notieren.
2. **Schreibe auf, was gesucht und was gegeben ist** (Abschnitt 3 und 4 des Lösungsplanes).

Notiere die gesuchten und gegebenen Größen jeweils in Kurzform:

Beispiel Renate möchte sich eine Gitarre für 128 € kaufen. Sie hat 32 € gespart und von ihrer Oma bekommt sie noch 40 €. Wie viel € fehlen ihr noch?

3. **Gesucht**: fehlender Betrag (Restbetrag)
4. **Gegeben**: Gespartes: 32 € Von Oma: 40 € Preis Gitarre: 128 €

1.

Bei den Aufgaben 1 bis 5 von Seite 34/35 schaffst du es allein. Schreibe dazu die gesuchten und gegebenen Größen in dein Heft.

Bei manchen Aufgaben muss man die gegebenen Größen noch ausrechnen:

Beispiel Die Theatervorstellung in der Schule besuchen 180 Personen. Die Hälfte davon sind Schüler. Ein Schüler zahlt 5 € Eintritt, ein Erwachsener doppelt so viel. Wie groß ist die Gesamteinnahme?

3. **Gesucht**: Gesamteinnahme
4. **Gegeben**: alle Personen: 180

Schüler:	die Hälfte von 180 = 90
Schülereintritt:	5 €
Erwachseneneintritt:	das Doppelte von 5 € = 10 €

2.
Ein Berliner kostet beim Bäcker 80 ct, ein Brötchen halb so viel. Inga kauft 6 Berliner und doppelt so viele Brötchen. Was muss sie bezahlen?

3.
In der Zugspitzbahn sitzen 350 Personen. An der Mittelstation steigt die Hälfte davon aus und 40 weitere ein. Wie viele Personen befinden sich jetzt im Zug?

Von den folgenden Aufgaben sollst du jeweils zunächst den Sachverhalt beschreiben und dann angeben, was gesucht und was gegeben ist.

4.
Herr Schröder ist auf einer dreitägigen Dienstreise mit seinem Auto 485 km gefahren. Seine Firma zahlt ihm 40 ct pro km. Außerdem erhält er jeden Tag 75 € für Verpflegung und Unterkunft. Wie viel Geld erhält er also von seiner Firma für diese Dienstreise?

2. **Sachverhalt**: ____________________

3. **Gesucht**: ____________________

4. **Gegeben**: ____________________

5.
Karin sucht sich beim Optiker eine neue Brille aus. Das Gestell kostet 78 €. Die Gläser einschließlich der Entspiegelung kosten 60 €. Die Krankenkasse vergütet 40 €. Welchen Betrag müssen Karins Eltern bezahlen?

6.
Familie Polt geht am Sonntag zum Essen ins Restaurant. Der Kellner notiert: Zweimal Schnitzel zu je 9,50 €, 3 Mixgetränke zu je 2 € und einen Apfelsaft zu 2,50 €. Wie hoch ist die Rechnung?

7.
Herr Müller hat im Urlaub in der Türkei viel fotografiert. Wie teuer ist jedes Bild geworden, wenn der Film 4 €, das Entwickeln 3 € und jeder Abzug 30 ct kostete? Auf dem Film waren 36 Aufnahmen.

Zerlegen in Teilaufgaben

Viele Aufgaben lassen sich leichter lösen, wenn man im Text die Teilaufgaben u schiedlich unterstreicht und herausschreibt.

1. Die wichtigen Textteile, die zu einer Teilaufgabe gehören, in gleicher Weise **unterstreichen**, also einfach, doppelt oder gestrichelt usw.
2. Die einzelnen Aufgaben **herausschreiben**.
3. Die Aufgaben **lösen**. Um das zu können, muss man sie oft erst in die richtige Reihenfolge bringen.

Beispiel

In einer Getränkefabrik werden Limonadenflaschen in Kisten verpackt. Von den Kisten gibt es zwei Sorten: große Kisten mit 24 Flaschen und kleine Kisten mit 16 Flaschen. Ein Kunde kauft 8 große und 14 kleine Kisten. Wie viele Flaschen sind das insgesamt?

Du musst folgende Teilaufgaben rechnen:

a) 8 große Kisten: 24 Flaschen · 8 = 192 Flaschen
b) 14 kleine Kisten: 16 Flaschen · 14 = 224 Flaschen
c) insgesamt: 192 Flaschen + 224 Flaschen = 416 Flaschen

1.

Bauer Piepenbrink hat auf seinem Hühnerhof 12 weiße und 15 braune Hühner. Die weißen Hühner legen 250 Eier im Jahr, die braunen sogar 300 Eier. Mit wie vielen Eiern kann der Bauer insgesamt im Jahr rechnen?

Schreibe die Teilaufgaben heraus und rechne sie:

a) die einfach unterstrichenen Textteile ergeben: 250 Eier · ________ = ________

b) die doppelt unterstrichenen Textteile ergeben: ________________

c) das gestrichelt Unterstrichene ergibt: ________________

____

2.

Die Fenster von Familie Heyn müssen neu gestrichen werden. Der Malergeselle braucht dazu 8 Stunden, sein Lehrling arbeitet 5 Stunden. Eine Gesellenstunde kostet 33 €, eine Lehrlingsstunde 18 €. Wie hoch sind die Gesamtkosten?

a) In dieser Aufgabe sind wieder drei Teilaufgaben enthalten. Unterstreiche sie: einfach, doppelt und gestrichelt.

b) Schreibe die Teilaufgaben hier auf und rechne sie:

____

____

____

In den folgenden Aufgaben sind sogar vier Teilaufgaben enthalten. Unterstreiche sie wie in Aufgabe 2 a) beschrieben. Benutze als viertes Unterscheidungsmerkmal eine gepunktete Linie. Schreibe die Teilaufgaben in dein Heft und löse sie.

3.

Für den Sportunterricht der Geschwister-Scholl-Schule werden Bälle gekauft: 8 Softbälle zu je 15 €, 4 Fußbälle zu je 32 € und 2 Medizinbälle zu je 60 €. Wie viel € kosten alle Bälle zusammen?

4.

Frau Sommer lässt sich im Blumengeschäft einen Strauß mit 3 Tulpen, 4 Narzissen und 2 Lilien binden. Eine Tulpe kostet 80 ct, eine Narzisse 60 ct und eine Lilie 1,50 €. Wie viel muss Frau Sommer insgesamt bezahlen?

Hier sind die Teilaufgaben schon unterstrichen. Schreibe sie heraus und löse sie.

5.

Tina spart für einen Gameboy. Sie rechnet so: 6-mal will sie das Taschengeld von 18 € im Monat zurücklegen und 50 € erhält sie von ihrem Opa. Wie viel € fehlen ihr noch an 200 €?

6.

Herr Klostermann kauft ein Auto für 18 000 €. Da er nicht über den gesamten Betrag verfügt, will er einen Teil in 6 Raten zu je 2000 € bezahlen. Für sein altes Auto bekommt er 5000 €. Den Rest nimmt er von seinem Konto. Wie viel € sind das? Rechne in deinem Heft.

Von nun an fehlen die Unterstreichungen. Schreibe die Teilaufgaben heraus und löse sie.

7.

Heidi packt ein Paket. Sie legt 8 Tafeln Schokolade hinein. Jede Tafel wiegt 125 g. Außerdem nimmt sie 500 g Kaffee. Das Paket soll 2 kg wiegen. Wie viel Gramm fehlen ihr noch?

8.

In einer Fabrik stellen Maschinen Schrauben her. Die Maschine vom Typ A produziert stündlich 4500 Schrauben, die vom Typ B stündlich 3800 und die vom Typ C nur 2500. Es arbeiten 3 Maschinen vom Typ A, 5 vom Typ B und 2 vom Typ C. Wie groß ist die Gesamtproduktion in einer Stunde?

9.

Frau Schröder besorgt sich für 4000 € Wechselgeld bei ihrer Bank. Der Bankbeamte gibt ihr 45 Scheine zu 50 € und 60 Scheine zu 20 €. Den Rest gibt er ihr in 5-€-Scheinen. Wie viele Scheine sind das?

10.

Es sollen stündlich 100 000 Schrauben hergestellt werden. Eine Maschine vom Typ A schafft stündlich 4500 Schrauben. Es gibt 8 Maschinen dieses Typs. Außerdem gibt es Maschinen des Typs B, die stündlich 3800 Schrauben produzieren. Die Firma besitzt davon 11 Maschinen. Wie viele Schrauben müssen noch produziert werden?

11.

Ein Bauer hat 15 Kühe. Jede Kuh liefert im Jahr etwa 3100 l Milch. Einen Liter Milch kann er für 20 ct verkaufen. Wie viel € nimmt er im Jahr ein?

Tipp Vergiss nicht, dass du grundsätzlich die Punkte 2, 3 und 4 des Lösungsplanes berücksichtigen musst.

Tipp

12.

Vera trägt jede Woche 375 Werbezeitungen aus. Pro Zeitung bekommt sie 8 Cent. Im letzten Jahr hat sie 48 Wochen gearbeitet. WIe viel Geld hat sie verdient? Unterstreiche die Teilaufgaben und löse sie.

13.

In einer Fabrik werden Tennisbälle verpackt. Es kommen immer 6 Bälle in eine Schachtel und 60 Schachteln passen in eine Kiste. Ein Sportgeschäft bestellt 4 solcher Kisten. Wie viele Bälle sind das? Arbeite wie in Aufgabe 12.

14.

Maria braucht für ihre Reise 200 €. Sie spart 8-mal von ihrem Taschengeld 15 €. Den Rest will sie in 4 Raten aufbringen. Wie groß muss jede Rate sein? Welche Teilaufgaben sind hier unterstrichen? Schreibe sie heraus und rechne sie.

15.

Ein Lieferwagen hat ein zulässiges Ladegewicht von 1400 kg. Er wird mit 12 Paketen zu je 20 kg beladen. Es kommen noch 5 weitere Pakete hinzu. Wie schwer darf jedes dieser Pakete sein?

16.

In einem großen Getränkekasten befinden sich 24 Flaschen, in einem kleinen 16. Ein Händler verkauft durchschnittlich am Tag 30 große und 20 kleine Kästen. Wie viele Flaschen sind das in 5 Tagen? Findest du die vier Teilaufgaben? Rechne sie.

17.

In einem Container befinden sich 5 Kisten zu je 80 kg und 4 Kisten zu 120 kg. Ein Lastwagen kann 3 Container transportieren. Wie viel kg sind das?

18.

Tim braucht neue Skier. Sie kosten 180 €. Hinzu kommt die Bindung für 50 €. Auf seinem Sparkonto hat Tim 80 €. Den Rest will er vom Taschengeld bezahlen. Er bekommt im Monat 30 €. In wie viel Monaten hat er den Restbetrag zusammen?

19.

Der Wochenend-Aufenthalt im Schullandheim kostet für eine Klasse 1600 €. Außerdem muss für die Busfahrt 300 € bezahlt werden. Die Schule gewährt einen Zuschuss von 400 €. Wie teuer wird die Reise für jeden Schüler, wenn in der Klasse 25 Schüler sind?

Rechnen über die Einheit

1. Suche die Textteile aus der Aufgabe heraus, aus denen du die **Einheit** berechnen kannst und **unterstreiche** sie.
   Notiere die Aufgabe und **löse** sie dann.
2. **Unterstreiche** dann die Textteile, die die **zweite Teilaufgabe** betreffen.
   Schreibe die Aufgabe heraus und **löse** sie.

Beispiel

Frau Basso will einen Sonntagsbraten kaufen. Sie kann zwischen zwei Stücken wählen. Ein Braten wiegt 4 kg und kostet 24 €. Der andere wiegt 3 kg. Wie teuer ist er?

Zwei Teilaufgaben kannst du hier rechnen:

a) einfach unterstrichen: Wie teuer ist 1 kg?
Schluss auf die Einheit → 24 € : 4 = 6 €

b) doppelt unterstrichen: Wie teuer sind 3 kg? 6 € · 3 = 18 €

1.

Wenn Jürgen mit seinem Fahrrad in 3 Stunden 45 km zurücklegt, wie viel km schafft er dann in 5 Stunden?

Was musst du jeweils in der Teilaufgabe a) und b) rechnen? Notiere es hier:

a) einfach unterstrichen: Wie viel km in 1 Stunde?
Schluss auf die Einheit → ____________________

b) doppelt unterstrichen: Wie viel ____________________?

2.

Nicole kauft für 20 € 4 m Jeansstoff. Wie viel m erhält sie für 24 €? In der ersten Teilaufgabe musst du auch hier auf die Einheit, nämlich 1 € schließen. Unterstreiche die entsprechenden Textteile und schreibe die Teilaufgaben a) und b) heraus.

a) Wie viel ______________________ ? ______________________________

b) ______________________________ ? ______________________________

Versuche die folgenden Aufgaben selbstständig zu lösen:

3.

3 l Motorenöl kosten an der Tankstelle 12 €. Herr Wagner braucht 5 l. Wie viel muss er bezahlen?

4.

Ein Händler verlangt auf dem Wochenmarkt für 8 kg Weißkohl 4 €. Wie viel kg Weißkohl bekommt Martin dann für 3 €.

5.

Elena kauft sich für die Schule 12 neue Filzstifte. 5 Filzstifte kosten 2,50 €. Wie viel muss sie bezahlen?

6.

Ein Flugzeug fliegt in 4 Stunden 3200 km weit. Welche Strecke legt es in 6 Stunden zurück?

7.

Aus einem Rohr fließen in 5 Stunden 2000 l. Wie viel l sind das in 8 Stunden?

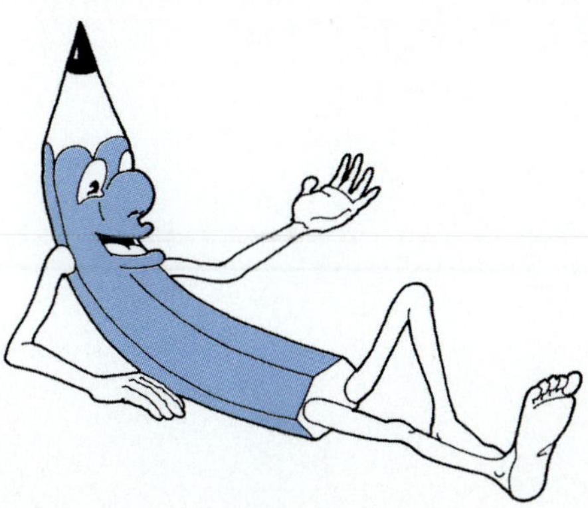

Eine Zeichnung kann helfen

Viele Aufgaben lassen sich leichter lösen, wenn man für sie eine übersichtliche Skizze anlegt. Der Aufgabentext wird dabei in eine Zeichnung übersetzt, aus der man den Lösungsweg ablesen kann.

1. **Zeichne** einen offenen Streifen und fülle ihn aus, indem du die in der Aufgabe gegebenen Größen einträgst. **Beschrifte** auch die einzelnen Abschnitte.

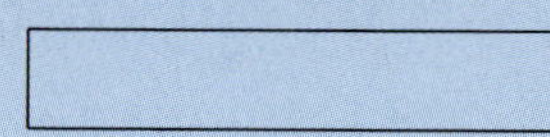

2. **Löse** aus der Zeichnung die **Aufgaben heraus**, die du rechnen musst.
3. Ermittle die **Lösungen**.

Beispiel Für ihre Party kauft Martina 4 große und 3 kleine Packungen Kekse. Die großen Packungen enthalten 30 Kekse, die kleinen nur 24 Kekse. Wie viele Kekse können die Gäste essen?

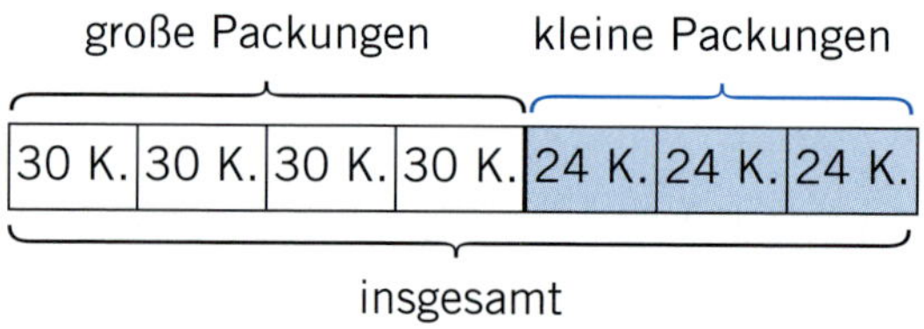

Rechnung: 30 Kekse $\cdot 4 = 120$ Kekse; 24 Kekse $\cdot 3 = 72$ Kekse
insgesamt: 120 Kekse $+ 72$ Kekse $= 192$ Kekse

Beachte Die Kästchen in der Zeichnung müssen **nicht** maßstabsgetreu sein!

1.

Bei einer Sonderaktion verkauft ein Fahrradhändler an einem Tag 8 Herrenräder und 5 Damenräder. Ein Herrenrad kostet 310 €, ein Damenrad nur 280 €. Wie hoch ist die Einnahme?

a) Vervollständige diese Skizze:

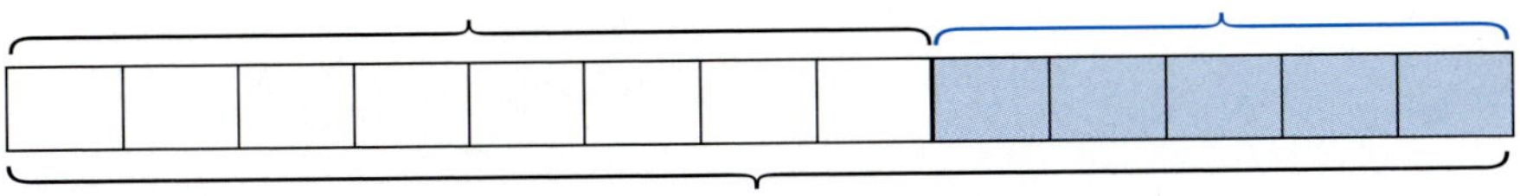

Trage dazu die Angaben aus den Kästchen in die Zeichnung ein:

Herrenräder | Damenräder | 310 € | 280 € | insgesamt

b) Schreibe hier die Aufgaben heraus, die du rechnen musst.

____________________ ____________________

insgesamt: ______________________________

2.

Lukas kauft für die Schule 5 Hefte und 3 Arbeitsblöcke. Ein Heft kostet 1,50 € und ein Arbeitsblock 2 €. Was muss Lukas an der Kasse bezahlen?

3.

Auf dem Parkplatz vor dem Fußballstadion stehen 12 große und 15 kleine Busse. Die großen Busse haben 58 Sitzplätze, die kleinen nur 34 Sitzplätze. Wie viele Fußballfans sind mit den Bussen gekommen, wenn alle Sitzplätze belegt waren?

4.

Auf einen LKW werden 5 kleine, 3 mittlere und 2 große Kisten verladen. Die kleinen wiegen 15 kg, die mittleren 25 kg und die großen 35 kg. Wie schwer sind alle Kisten zusammen?

Vervollständige die Zeichnung in deinem Heft und rechne die Aufgabe.

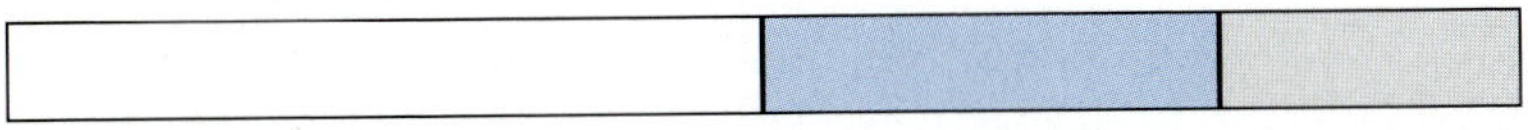

5.

Ein Rennradfahrer ist beim Training für die Tour de France an 3 Tagen je 150 km, an 4 Tagen je 220 km und an einem Tag sogar 280 km gefahren. Wie viele Kilometer sind das insgesamt?

6.

In ein Becken soll Wasser gefüllt werden. Der Vater gießt 8-mal einen Eimer mit je 15 l hinein. Julia hilft ihm und schüttet 4 Eimer mit je 5 l hinzu. Im Becken befinden sich aber schon 25 l. Wie viel l sind es nun?

7.

Heike spart auf einen CD-Player, der 150 € kostet. Sie will 5-mal 15 € von ihrem Taschengeld zurücklegen. 50 € bekommt sie von ihrer Oma. Wie viel € fehlen ihr dann noch?

Für den Preis des CD-Player von 150 € zeichnen wir einen langen Streifen. In ihn hinein kommen die einzelnen Sparbeträge und das Geld von Oma. Der Rest des Streifens zeigt, wie viel Geld Heike noch fehlt.

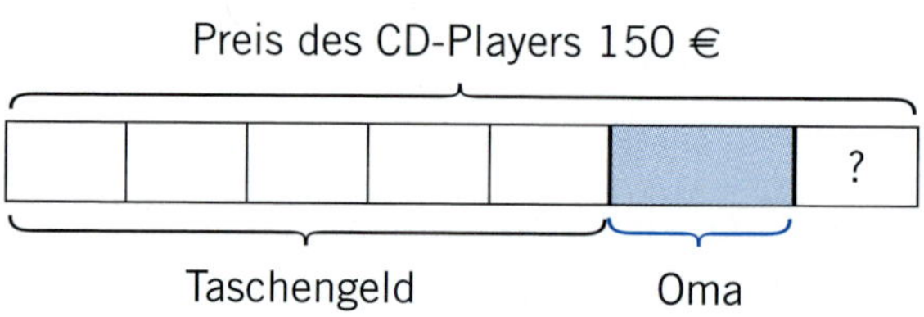

a) Trage die gegebenen Beträge in die Zeichnung ein.

b) Schreibe die Teilaufgaben auf:

________ · ________ = ________ ________ + ________ = ________

Fehlender Betrag: 150 € – ________ = ________

Fertige für jede der folgenden Aufgaben eine Zeichnung an:

8.

Katrin und Julia wollen ihre Oma, die 560 km entfernt wohnt, mit dem Fahrrad besuchen. 150 km fahren sie mit dem Zug. Dann schaffen sie es, an 5 Tagen je 70 km zurückzulegen. Wie viel km müssen sie noch am letzten Tag fahren?

9.

Dirks Tante wohnt in Augsburg. Er will ihr zum Geburtstag ein Päckchen von 2 kg Gewicht schicken. Folgende Geschenke hat er schon besorgt: 3 Packungen Pralinen zu je 250 g, 150 g Tee und 5 Tafeln Schokolade zu je 100 g. Wie viel g fehlen ihm noch?

10.

Dirk konnte 30 € ausgeben. Für 1 Packung Pralinen bezahlte er 6,50 €, jede Tafel Schokolade kostete 0,60 € und für den Tee hat er 4,50 € ausgegeben. Wie viel Geld behielt er übrig?

11.

Ein Tankwagen enthält 8000 l Heizöl. Wie viel l Öl sind noch im Tank, wenn ein Kunde 1400 l Öl, ein zweiter doppelt so viel und ein dritter nur die Hälfte von der Ölmenge des ersten Kunden bekommt?

12.

Ein Heizungsmonteur schneidet von einem 3 m langen Rohr verschiedene Rohrstücke ab: 4 sind je 20 cm lang, 2 sollen dreimal so lang sein und 5 dürfen nur halb so lang sein wie die ersten. Wie viel cm Rohr bleibt übrig?

13.

Von dieser Aufgabe fehlt der Text. Du sollst ihn aus der Zeichnung ablesen und aufschreiben:

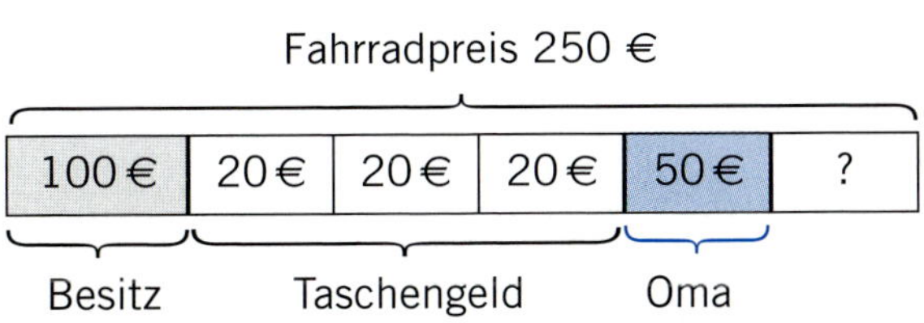

Laura spart ____

____

____

14.

Schreibe einen Text, der zu dieser Zeichnung passt, in dein Heft.

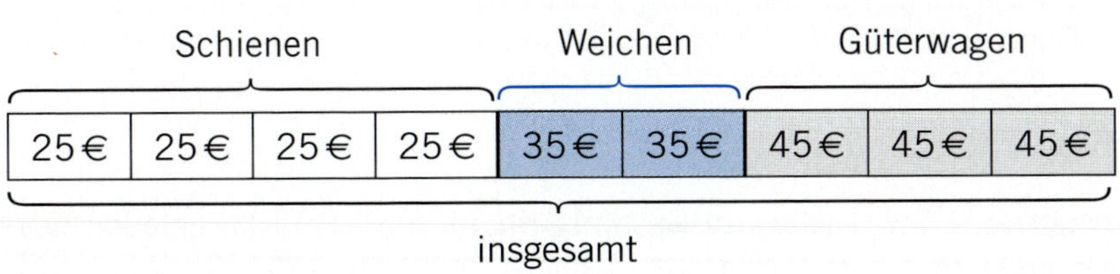

Beginne die Aufgabe so: Stephan kauft …

Tipp Mach dich mit dem **Sachverhalt** jeder Aufgabe vertraut. **Schreibe** vor der Bearbeitung der Aufgabe **heraus**, was **gesucht** und was **gegeben** ist.

15.

Für einen Segeltörn benötigt Sebastian 150 €. Er spart 6-mal 15 € von seinem Taschengeld. Den Rest leiht er sich von seinen Eltern. Er will ihn in 3 Raten zurückzahlen. Wie groß muss jede Rate sein?

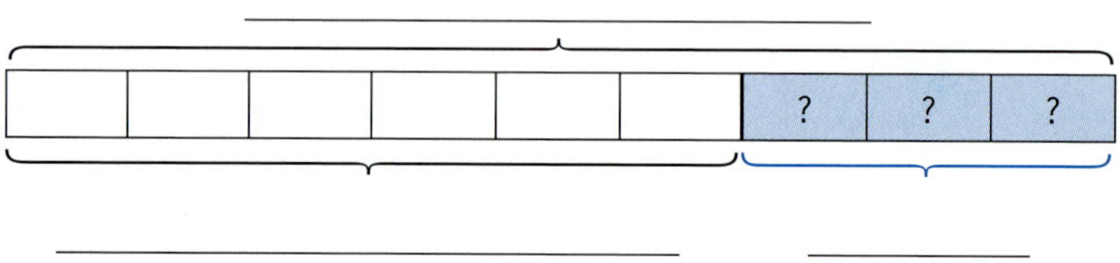

a) Wohin müssen diese Angaben?

| Segeltörn 150 € | 6-mal Taschengeld | 15 € | 3 Raten |

Trage sie in die Zeichnung ein.

b) Notiere hier die Aufgaben, die du zu rechnen hast:

Taschengeld: ________ · 6 = ________;   Rest: ________ – ________ = ________

Rate: ________ : 3 = ________

16.

Drei Freunde wollen eine 160 km lange Wanderung machen. Sie haben 7 Tage Zeit. An den ersten 4 Tagen schafften sie jeweils 25 km. Wie viel km müssen sie an jedem der restlichen 3 Tage zurücklegen? Zeichne den Streifen in dein Heft, beschrifte ihn und löse die sich ergebenden Teilaufgaben.

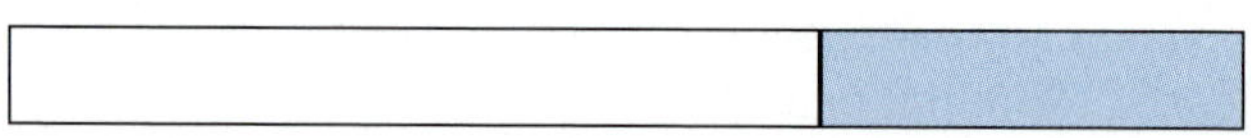

| Wanderung 160 km | 4 Tage | 25 km | 3 Tage |

17.

Auf einen Transporter sollen Kisten im Gesamtgewicht von 1000 kg geladen werden. Eine Kiste wiegt 250 kg, 4 Kisten wiegen je 75 kg. Wie schwer muss jede weitere Kiste sein, wenn noch 6 Kisten verladen werden sollen?

Fertige als Lösungshilfe einen Streifen an.

18.

Martins Fahrrad kostet 350 €. Für den Tachometer muss er noch weitere 30 € bezahlen. Auf dem Sparbuch hat Martin 300 €. Den Rest des Preises will er in 4 Monatsraten von seinem Taschengeld abzahlen. Wie groß ist jede Rate?

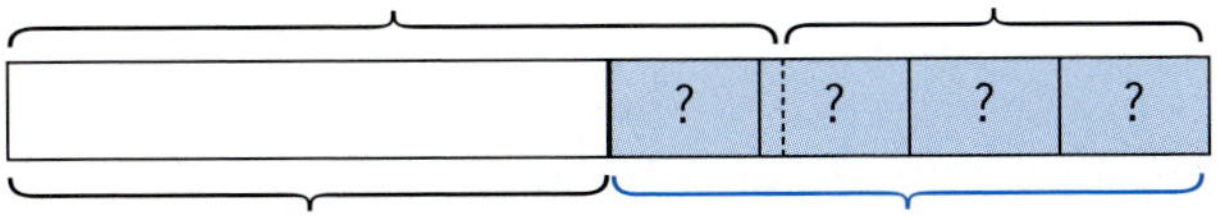

a) Wohin müssen diese Angaben? Trage sie in die Skizze ein.

Fahrrad 350 €	Tachometer 30 €	Sparbuch 300 €	4 Raten

b) Welche Aufgaben musst du rechnen?

Gesamtpreis: ______ + ______ = ______ Rest: ______ – ______ = ______

Rate: ______ : 4 = ______

19.

Jürgens Skiurlaub kostet 200 €. Außerdem muss er 40 € für den Skikurs bezahlen. Er besitzt aber nur 150 €. Den Rest leihen ihm seine Eltern. Er zahlt seinen Eltern monatlich 15 € zurück. Wie viele Monate benötigt er um seine Schulden zurückzuzahlen?

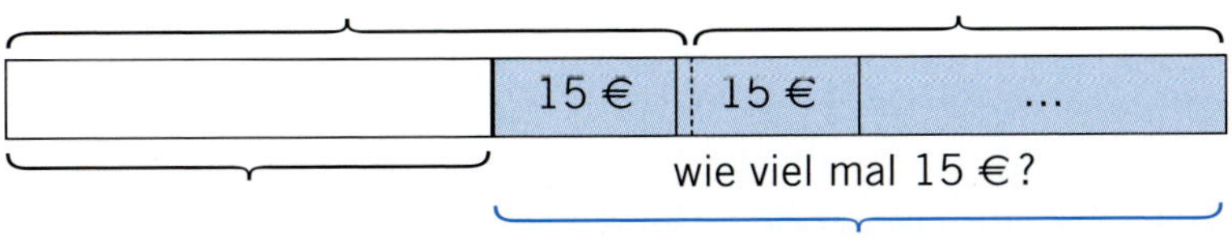

a) Fülle diese Kästchen aus und beschrifte auch die Zeichnung.

Skiurlaub 200 €			? Monate	

b) Notiere die Aufgaben und löse sie:

____

Anzahl der Monate: ______________

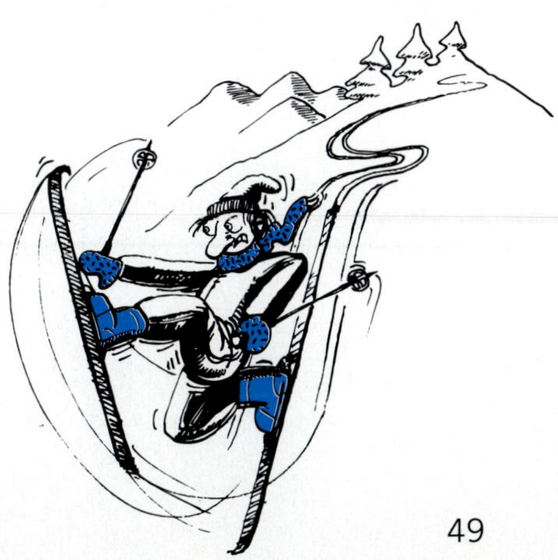

Tipp

a) Streifen zeichnen und die Angaben der Aufgabe eintragen.

b) Teilaufgaben aus der Zeichnung ablesen, herausschreiben und lösen.

20.

In Katrins Garten steht ein Wasserbecken. Es soll mit 180 l gefüllt werden. Katrin hat 8 Eimer Wasser zu je 15 l hineingeschüttet. Den Rest will Katrins Schwester mit einem 10-l-Eimer füllen. Wie viele Eimerfüllungen benötigt sie?

21.

Stephan will mit seinem Bruder Georg eine große Radtour unternehmen. Zuerst fahren sie zu ihrer Tante Renate, die 240 km entfernt wohnt. Dann besuchen sie die Großeltern. Das sind noch mal 210 km Entfernung. 100 km reisen sie mit dem Zug an. Dann wollen sie täglich 70 km fahren. Wie viele Tage benötigen sie bis zu den Großeltern?

22.

Familie Biel baut ein Reihenhaus. 360 000 € soll es kosten. Ein Viertel des Betrages geben die Eltern dazu. 100 000 € stammen aus einer Erbschaft. 80 000 € besitzt Familie Biel selbst. Der Rest des Geldes soll auf drei gleich große Darlehen verteilt werden. Wie groß muss jedes Darlehen werden?

23.

Im Kino gibt es in der 1. Preisklasse 4 Reihen zu je 25 Plätzen. In der 2. Klasse sind es doppelt so viele Reihen. Allerdings hat hier jede Reihe nur 20 Plätze. Die 3. Klasse umfasst dagegen halb so viele Reihen wie die erste und jede Reihe hat auch hier 25 Plätze. Über wie viele Plätze verfügt das Kino?

24.

Bei einer Theatervorstellung wurden 160 € eingenommen. 6 Personen kauften Karten der 1. Preisklasse zu 10 € das Stück, 8 Personen Karten der 2. Preisklasse zu je 8 €. Wie viele Personen kauften Karten der 3. Preisklasse zu 6 € das Stück?

Beachte

Zu vielen Aufgaben lässt sich eine Zeichnung anfertigen. Bei manchen Aufgaben wird diese Darstellung aber kompliziert und unübersichtlich. Solche Zeichnungen eignen sich dann nicht als Lösungshilfe.

25.
In einer Dose befinden sich 4 Tennisbälle. 6 Dosen sind in einer Kiste. Im Supermarkt werden 5 Kisten angeliefert. Wie viele Tennisbälle sind das insgesamt?

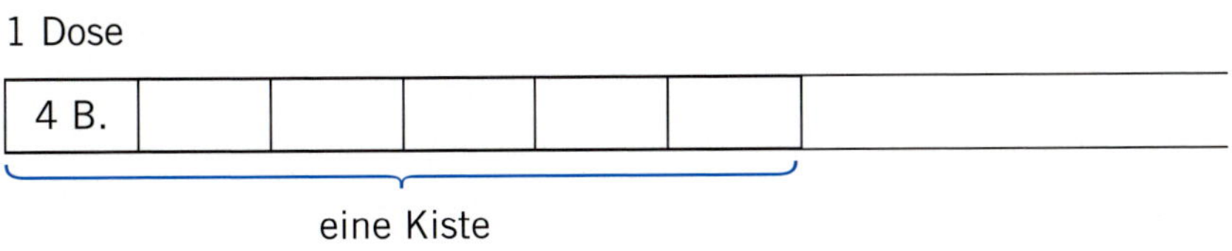

Hilft dir diese unvollständige Zeichnung? Rechne die Aufgabe.

26.
Frau Pape kauft 4 kg Fleisch für 34 €. Wie teuer sind 6 kg der gleichen Sorte?

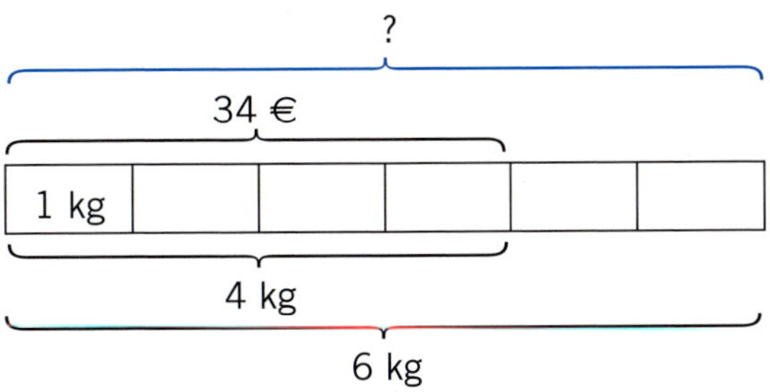

Ist dir diese Abbildung eine Lösungshilfe? Löse die Aufgabe.

27.
Für 24 € erhält man 3 m Stoff. Wie viel m Stoff der gleichen Art bekommt man für 32 €?

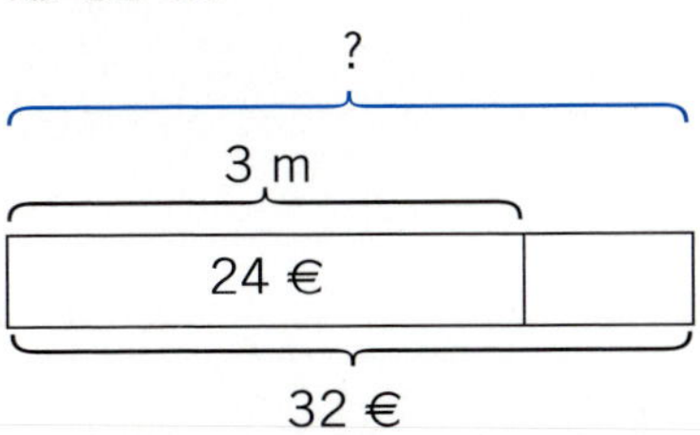

Hilft dir diese Zeichnung weiter? Berechne die Aufgabe.

Unterstreichen oder Zeichnen

Du hast gelernt, dass es oft günstig ist, Textaufgaben in Teilaufgaben zu zerlegen. Dabei wird das Finden der Teilaufgaben erleichtert, wenn man entweder die zusammengehörenden Textteile unterstreicht oder eine Zeichnung anfertigt. Welcher Weg im Einzelfall günstiger ist, muss man einfach ausprobieren.
Bei den folgenden Aufgaben sollst du jeweils **beide** Lösungshilfen einsetzen:

1.
Die Maschine A fertigt in jeder Stunde 4500 Schrauben, die Maschine B 5000 Schrauben. Wie viele Schrauben werden insgesamt pro Stunde hergestellt, wenn die Firma 3 Maschinen vom Typ A und 4 vom Typ B besitzt?

a) Schreibe die Teilaufgaben heraus und löse sie.

____

insgesamt: ____________________

b) Vervollständige die Zeichnung in deinem Heft.

4500 Schr.	

c) Findest du die gleichen Teilaufgaben wie in a)? Schreibe sie auf und löse sie.

2.
Drei Kollegen unternehmen eine Radtour. An 3 Tagen sind sie jeweils 45 km und an 2 Tagen sogar jeweils 55 km gefahren. Sie wollen im Ganzen 400 km zurücklegen. Wie viel km fehlen ihnen noch?

a) Unterstreiche die zusammengehörenden Textteile.

b) Wie lauten die einzelnen Teilaufgaben?

Es fehlen: ______________________________

c) Fertige eine Zeichnung an. Findest du die gleichen Teilaufgaben?

Bearbeite die folgenden Aufgaben in gleicher Weise in deinem Heft. Unterstreiche die Textteile aber hier im Buch.

3.
Hier wird eingekauft: 3 Hemden zu je 35,50 €, 4 T-Shirts zu je 47 €, eine Hose für 48 €. Wie viel Geld bleibt übrig, wenn mit 500 € bezahlt wird?

4.
Mutter hat beim Einkauf Glück: Alle Preise sind um die Hälfte ermäßigt. Sie kauft ein Kleid, das 140 € kostete. Ferner nimmt sie 3 Paar Strümpfe, von denen jedes Paar vorher 13,50 € kosten sollte und eine Bluse, deren Preis ursprünglich 125 € betrug. Sie bezahlt mit 500 €. Wie viel Geld bekommt sie zurück?

Tipp

Bevor man mit der Lösung beginnt, ist es günstig, die gegebenen Größen auszurechnen.

5.
Herr Bullert will seine Terrasse erneuern. Dazu braucht er 270 Steinplatten. Er kauft 140 rote und halb so viele graue Platten. Die restlichen Platten sind in Paketen zu je 12 Stück abgepackt. Wie viele Pakete muss er mitnehmen?

6.
Blumenhändler Kühl kauft 300 Topfpflanzen auf dem Großmarkt. Er nimmt 8 Paletten mit je 12 Pflanzen und 6 Paletten mit je 10 Pflanzen. Wie viele Paletten mit je 8 Pflanzen fehlen ihm noch?

Bei den nächsten Aufgaben sollst du dich jeweils für eine Lösungshilfe entscheiden:

7.

Bei der Planung einer Ausstellung, die 7 Tage dauern soll, hat man mit 16 000 Besuchern gerechnet. Am ersten Tag kamen 2000, an zwei Tagen je 2500, am nächsten 3000. Wie viele Besucher müssten an den letzten drei Tagen täglich kommen, damit die Gesamtbesucherzahl erreicht wird?

8.

Auf einer kleinen Pizza liegen 4 Scheiben, auf einer mittleren Pizza 6 Scheiben und auf einer großen Pizza 8 Scheiben Salami. In einer Pizzeria werden 5 kleine, 3 mittlere und 4 große Pizzas bestellt. Wie viele Scheiben Salami sind das insgesamt?

9.

Ein Hotel hat 20 Doppelzimmer und 5 Einzelzimmer. Eine Übernachtung im Doppelzimmer kostet 120 €, im Einzelzimmer 80 €. Wie hoch sind die Gesamteinnahmen in einer Woche, wenn alle Zimmer vermietet werden.

10.

Bettina hat sich von ihren Eltern 120 € geliehen. Sie will es so zurückzahlen: 50 € hat sie von ihrer Tante geschenkt bekommen, 20 € verdient sie sich mit Nachhilfeunterricht und den Rest will sie in 4 Monatsraten vom Taschengeld sparen. Wie groß muss jede Rate sein?

11.

Lars kann für seine Eisenbahnanlage 200 € ausgeben. Er nimmt eine Weiche für 44 € und drei Kreuzungen für je 20 €. Wie viele Schienen kann er für den Rest kaufen, wenn eine Schiene 12 € kostet?

12.

In einer Gärtnerei werden Primeln verpackt. In eine große Kiste kommen 120 Pflanzen, in eine kleine nur halb so viele. Es werden 20 große und dreimal so viele kleine Kisten gefüllt. Wie viele Pflanzen sind das insgesamt?

13.

3 kg Putenfleisch werden für 43,50 € angeboten. Wie viel müsste man für 5 kg bezahlen?

Tabellen als Lösungshilfen

In manchen Aufgaben kommen viele Größen vor. Eine Tabelle kann da Ordnung und Übersicht schaffen und so das Lösen erleichtern.

Beispiel

Frau Sommer braucht 3 kg Mehl und 2 kg Zucker. Sie kann zum Supermarkt oder zum Verbrauchermarkt gehen. Sie vergleicht die Preise.
Im Supermarkt kostet 1 kg Mehl 0,60 € und 1 kg Zucker 0,75 €. Im Verbrauchermarkt muss man für 1 kg Mehl 0,55 €, für 1 kg Zucker dagegen 0,90 € bezahlen. Wo kauft die Frau Sommer am günstigsten ein, wenn sie Mehl und Zucker zugleich kauft, und wie viel muss sie bezahlen?

a) Eintragen der Werte der Aufgabe in die Tabelle:

	1 kg Mehl	1 kg Zucker
Supermarkt	0,60 €	0,75 €
Verbrauchermarkt	0,55 €	0,90 €

b) Wie teuer wird der Einkauf?

Supermarkt: $3 \cdot 0{,}60\ € + 2 \cdot 0{,}75\ € = 3{,}30\ €$

Verbrauchermarkt: $3 \cdot 0{,}55\ € + 2 \cdot 0{,}90\ € = 3{,}45\ €$

c) Wo kauft Frau Sommer also am günstigsten ein? Im Supermarkt.

1.
Eine Tapetenrolle kostet im Baumarkt 3,29 €, im Farbengeschäft dagegen 3,50 €. Für eine Dose Farbe muss man im Baumarkt 6,49 € bezahlen, im Farbengeschäft nur 6,29 €. Eine Packung Tapetenkleister wird im Baumarkt für 2,39 €, im Farbengeschäft für 2,95 € angeboten. Herr Heinemann braucht 4 Rollen Tapete, 3 Dosen Farbe und 2 Packungen Tapetenkleister.

a) Vervollständige diese Tabelle:

b) Wie teuer wird der Einkauf im Baumarkt und wie teuer im Farbengeschäft?

c) Wo kauft man am günstigsten ein?

2.

Auch beim Obstkauf lohnt ein Preisvergleich. Auf dem Wochenmarkt wird 1 kg Apfelsinen zu 1,70 €, 1 kg Mandarinen zu 1,40 € und 1 kg Äpfel zu 1,50 € angeboten. Im Supermarkt kostet 1 kg Apfelsinen 1,80 €, 1 kg Mandarinen 1,30 € und 1 kg Äpfel 1,60 €. Du sollst 5 kg Apfelsinen, 3 kg Mandarinen und 2 kg Äpfel kaufen.

a) Lege eine Tabelle an.

b) Führe einen Preisvergleich durch.

c) Wo würdest du kaufen?

3.

Familie Müller kehrt in die Gastwirtschaft „Zum Grünen Kranze" ein. Auf der Rechnung stehen zum Schluss 5 Mixgetränke zu je 2 €, 3-mal Eisbein zu 11,50 € und 3 Salate zu je 4,50 €. Später stellt sie fest, dass im Nachbarrestaurant „Zum Goldenen Adler" ein Mixgetränk nur 1,60 €, eine Portion Eisbein dagegen 11,80 € und ein Salat 4,80 € kostet.
Stelle einen Preisvergleich her. In welcher Gastwirtschaft isst man günstiger? Lege für die Aufgabe eine Tabelle an.

4.

Julia und Kilian haben einen Stand auf dem Flohmarkt. Julia hat schon 4 Spiele zu je 2,50 €, 2 Kassetten zu je 1,50 € und 3 Stofftiere zu je 0,50 € verkauft. Kilian konnte dagegen 5 Spiele, 3 Kassetten und 1 Stofftier verkaufen. Wie viel € hat jedes Kind schon eingenommen?

Vervollständige die Tabelle:

	1 Spiel 2,50 €		
Julia	4		
Kilian			

Rechne im Heft:

Julia: ____________________ Kilian: ____________________

Tipp

Manche Aufgaben kannst du durch Probieren lösen. Beim Probieren musst du allerdings systematisch vorgehen, damit du keinen wichtigen Einzelfall übersiehst. Dieses systematische Probieren lässt sich am günstigsten in einer Tabelle durchführen.

5.

Wie viele Schüler sind in der 5. Klasse? Wenn sie sich in Dreierreihen aufstellen, bleiben 2 übrig. Stellen sie sich dagegen in Viererreihen auf, so bleiben 3 übrig.

a) Vervollständige diese Tabelle:

Dreierreihen	$1 \cdot 3 = 3$	$2 \cdot 3 = 6$	$3 \cdot 3 = 9$	12	15		
1) Dreierreihen mit 2 übrig	5 ($3 + 2 = 5$)	8 ($6 + 2 = 8$)	11				
Viererreihen	$1 \cdot 4 = 4$	$2 \cdot 4 = 8$	$3 \cdot 4 = 12$	16	20		
2) Viererreihen mit 3 übrig	7 ($4 + 3 = 7$)	11					

b) Vergleiche die Zahlen von 1) und 2). Welcher Wert taucht erstmals doppelt auf? ______

c) Setze die Tabelle fort. Welche Zahl taucht dann doppelt auf? ______

d) Wie viele Schüler sind also in der 5. Klasse? ______________
Begründe deine Antwort.

6.

Gesucht wird eine Zahl. Teilen wir diese Zahl durch 5, erhalten wir als Rest 2. Teilen wir sie dagegen durch 6, so ist der Rest 1.

a) Vervollständige diese Tabelle um weitere 6 Zahlen. Arbeite in deinem Heft.

teilbar durch 5	5	10	
mit Rest 2	7 ($7 : 5 = 1$ R 2)	12 ($12 : 5 = 2$ R 2)	
teilbar durch 6	6		
mit Rest 1	7 ($7 : 6 = 1$ R 1)		

b) Welche Zahlen findest du? 7 ist die erste Zahl. Suche eine weitere.

7.

In eine Badeanstalt kommen in jeder Stunde 100 Besucher. 50 Besucher bleiben davon 4 Stunden, die anderen 50 gehen schon nach 3 Stunden. Um 9 Uhr öffnet die Badeanstalt. Wie viele Besucher sind um 9, 10, 11, 12, 13 und 14 Uhr in der Badeanstalt?

Uhrzeit	9	10	11	12	13	14	15	16	17
Besucher	100	100	100	50					

In der Tabelle sind die Besucherzahlen eingetragen, die um 9 Uhr gekommen sind. Um 9 Uhr, 10 Uhr, 11 Uhr sind noch alle 100 Besucher in der Badeanstalt. Um 12 Uhr sind dagegen nur noch 50 Besucher da.

a) Jetzt haben wir noch die Besucherzahlen in die Tabelle eingefügt, die um 10 Uhr gekommen sind. Trage in jedes Feld der Tabelle ein, wie viele Besucher es jeweils sind.

Uhrzeit	9	10	11	12	13	14	15	16	17
Besucher	100	100	100	50					
		100	100	100	50				
insgesamt	100	200	___	___	___				

b) Notiere jetzt die um 11 Uhr ankommenden Besucherzahlen. Trage in jedes Feld ein, wie viele Besucher es nun insgesamt sind.

Uhrzeit	9	10	11	12	13	14	15	16	17
Besucher	100	100	100	50					
		100	100	100	50				
			100	___	___	___			
insgesamt	100	200	300	___	___	___			

c) Zeichne die Tabelle in dein Heft. Trage die Besucherzahlen ein, die jeweils um 12 Uhr, 13 Uhr und 14 Uhr ankommen. Wie viele Besucher sind demnach um 9, 10, 11, 12, 13 und 14 Uhr in der Badeanstalt?

Für die folgenden Aufgaben kannst du jeweils die Tabelle selbst anlegen.

In der Tabelle stehen **unten** die Größen, nach denen gefragt wird.

Tipp

8.
In den Zoo gehen jede Stunde 400 Besucher. 200 von ihnen bleiben 2 Stunden. 200 verlassen den Zoo erst nach 3 Stunden. Um 9 Uhr öffnet der Zoo. Wie viele Besucher befinden sich um 9, 10, 11, 12, 13 und 14 Uhr im Zoo? Löse wie in Aufgabe 7.

9.
Ein Ferienort wird jede Woche von 300 Urlaubern besucht. 200 von ihnen bleiben 2 Wochen, die anderen 100 sogar 3 Wochen. Wie viele Urlauber sind in dem Ferienort in der 1., 2., 3., 4., 5. und 6. Woche?

Woche	1.	2.	
Urlauber			

10.
Ein anderer Ferienort wird von 500 Kurgästen besucht. 400 von ihnen bleiben 2 Wochen, 100 sogar 3 Wochen. Wie viele Kurgäste sind jetzt jeweils in der 1. bis 6. Woche im Ferienort?

11.
Am Montag geht die Radtour los. Die Freunde legen an diesem Tag 65 km zurück. Von Dienstag bis Freitag schaffen sie täglich 75 km. Die Radtour geht bis Sonntagabend. Wie viel km müssen die Freunde an den restlichen Tagen durchschnittlich zurücklegen, wenn sie sich für die Tour insgesamt 500 km vorgenommen haben?

a) Fülle die Tabelle aus.

Mo.	Di.	Mi.	Do.	Fr.	Sa.	So.
65 km						

b) Wie viel km bleiben für die restlichen Tage übrig? ____________________

c) Welche Strecken müssen sie also durchschnittlich an den restlichen Tagen zurücklegen? ____________________

12.

Ein Bauer hat sich verpflichtet in der Woche 1000 l Milch an die Molkerei abzuliefern. Von Montag bis Mittwoch liefert er täglich 150 l Milch. Am Donnerstag sind es nur 130 l. Wie viel l muss er an den restlichen Tagen täglich abliefern?

a) Lege dir eine Tabelle an und fülle sie aus.

b) Ermittle, wie viel l für die restlichen Tage übrig bleiben.

c) Bestimme die durchschnittliche Milchmenge für jeden der restlichen Tage.

13.

Herr Wandtke kontrolliert den Ölverbrauch seiner Heizung. Er möchte im Winter nicht mehr als 300 l Öl in der Woche verheizen. Am Montag brauchte die Heizung 35 l, Dienstag und Mittwoch waren es jeweils 42 l und am Donnerstag 46 l. Wie viel l darf er jeweils an den restlichen Tagen verheizen? Arbeite wie in Aufgabe 12.

14.

In einer anderen Woche hat Herr Wandtke folgenden Ölverbrauch notiert: Montag 42 l, Dienstag und Mittwoch jeweils 39 l, Donnerstag bis Samstag 45 l pro Tag und am Sonntag 25 l. Wie viel l sind das durchschnittlich am Tag? Lege auch hier eine Tabelle an.

15.

Martin spart jeden Monat. Im Januar waren es 10 €, von Februar bis Mai jeweils 20 €, im Juni 30 €, von Juli bis September je 15 € und von Oktober bis Dezember immer 25 €. Wie viel € waren das durchschnittlich im Monat?

16.

Auch Jessica spart jeden Monat. Von Januar bis April legte sie jeweils 15 € zurück, im Mai waren es 40 € und von Juni bis Oktober immer 20 €. Wie viel muss sie in den restlichen Monaten sparen, wenn sie am Ende des Jahres insgesamt 250 € haben möchte?

17.

4 kg Kartoffeln kosten 6 €. Wie teuer sind 5 kg?
Auch für solche Aufgaben lässt sich eine Tabelle anlegen:

	$:4$ →		$\cdot 5$ →	
4 kg		1 kg		5 kg
6 €				
	$:4$ →		$\cdot 5$ →	

a) Wie teuer ist demnach 1 kg? Trage den Wert in die Tabelle ein.

b) Berechne nun den Preis von 5 kg.

18.

Für 8 € erhält man 4 kg Nektarinen. Wie viel kg erhält man für 6 €?
In dieser Aufgabe ist nach kg gefragt, deshalb sieht die Tabelle so aus:

	$:8$ →		$\cdot 6$ →	
8 €		1 €		6 €
4 kg				
	$:8$ →		$\cdot 6$ →	

Fülle die Tabelle aus.

19.

3 m Stoff kosten 48 €. Wie teuer sind 4 m?

20.

Für 3 € erhält man eine 24 m lange Leine. Wie viel m Leine erhält man für 4 €?

21.

Aus einer Wasserleitung fließen in 8 Stunden 560 l. Wie viel l sind es in 10 Stunden?

22.

Mit 6 l Benzin fährt ein Motorrad 120 km weit. Welche Strecke schafft das Motorrad mit 8 l?

Aufgaben ohne vorgegebene Lösungshilfe

Bei den folgenden drei Aufgaben wird dir immer noch gesagt, mit welcher Lösungshilfe du die betreffende Aufgabe lösen sollst. Danach bestimmst du das dann selbst.
Jede Aufgabe sollst du mehrfach mit unterschiedlichen Lösungshilfen bearbeiten. Das Unterstreichen kannst du hier im Buch durchführen.

1.
Marco kauft ein: 3 l Milch zu je 0,60 €, 6 Brötchen zu je 40 ct und ein Brot für 2,50 €. Er bezahlt mit einem 10-€-Schein. Wie viel erhält er zurück?

a) Fertige eine Zeichnung an.

b) Löse durch Unterstreichen.

2.
Florian und Stephan wandern eine Woche im Schwarzwald. An den ersten drei Tagen schaffen sie jeweils 20 km. Am vierten Tag sind es sogar 30 km. Wie viel km müssen sie an den restlichen Tagen jeweils wandern, wenn sie insgesamt 150 km zurücklegen wollen?

a) Verwende eine Zeichnung.

b) Lege eine Tabelle an.

c) Löse durch Unterstreichen.

3.
3 kg Fleisch kosten 15 €. Wie teuer sind 4 kg?

a) Arbeite mit einer Tabelle.

b) Löse durch Unterstreichen.

Tipp

Beachte beim Aufgabenlösen die Lösungsschritte 2 **(Sachverhalt)**, 3 **(gesucht)** und 4 **(gegeben)** des Lösungsplanes.

4.

Auf einen Berg führen zwei Seilbahnen. Von der ersten Seilbahn fasst jede Gondel 80 Personen. In die Gondeln der zweiten Seilbahn gehen 60 Personen hinein. Die große Seilbahn fährt jede Stunde 6-mal, die kleine 10-mal. Wie viele Personen können die Seilbahnen in einer Stunde transportieren?

5.

In dem Restaurant der Bergstation sind 320 Personen. 25 von ihnen wollen auf dem Berg übernachten und 45 ins Tal hinabsteigen. Wie viel mal muss die Seilbahn fahren, um die restlichen Personen ins Tal zu bringen, wenn eine Gondel 50 Personen aufnehmen kann?

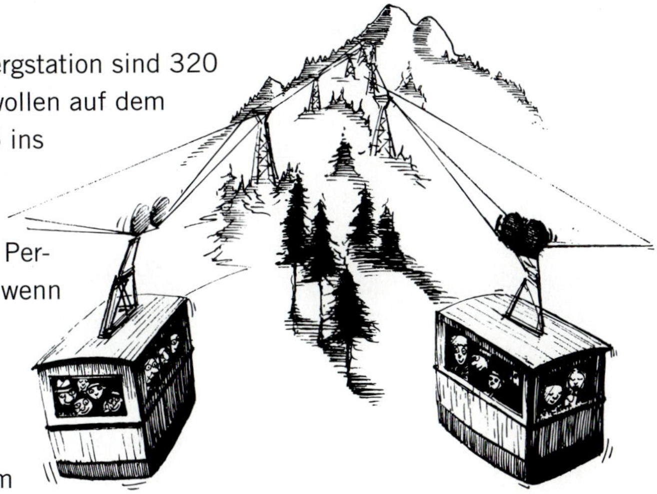

6.

Die Seilbahn hat an einem Tag 1200 Personen befördert. Die Hälfte von ihnen hatte eine Karte für Berg- und Talfahrt gekauft. Ein Drittel aller Personen hatte nur die Bergfahrt genommen. Der Rest hatte nur eine Talfahrtkarte. Eine Berg- und Talfahrt kostet 10 €, die Bergfahrt 8 € und die Talfahrt 5 €. Berechne die Einnahmen des Seilbahnbesitzers.

7.

Frau Behrens sucht Stoff für ein neues Kostüm. Ihr gefällt ein Stoff, von dem 3 m mit 75 € ausgezeichnet sind. Sie benötigt aber 4 m. Was muss sie bezahlen?

8.

In einen Wintersportort reisen jede Woche 600 Urlauber. 400 von ihnen bleiben 2 Wochen, der Rest drei Wochen. Wie viele Urlauber befinden sich in dem Ort nach 1, 2, 3, ..., 6 Wochen?

Kontrolle und Antwortsatz

1.

Wo wurde hier falsch gerechnet? Kontrolliere jede Aufgabe durch Gegenrechnung. Verbessere die Fehler.

a) In eine große Colakiste passen 12 Flaschen, in eine kleine nur 10 Flaschen. Frau Sander kauft 5 große und 8 kleine Kisten. Wie viele Colaflaschen kauft sie insgesamt?

Rechnung:

12 Flaschen · 5 = 50 Flaschen
10 Flaschen · 8 = 80 Flaschen
50 Flaschen + 80 Flaschen
= 130 Flaschen

Kontrolle:

130 Flaschen – ________ = ________
80 Flaschen ________________
50 Flaschen ________________

b) Anja möchte sich einen neuen Tennisschläger für 160 € kaufen. Sie hat schon 8-mal 12 € von ihrem Taschengeld zurückgelegt. Den noch fehlenden Betrag will sie in 4 Monaten ansparen. Wie viel € sind das in jedem Monat?

Rechnung:

12 € · 8 = 96 €
160 € – 96 € = 24 €
24 € : 4 = 6 €

Kontrolle:

____
____

c) Ein Sportverein besitzt 200 Bälle, die in Schränken aufbewahrt werden. Im ersten Schrank sind 4 Fächer mit jeweils 15 Bällen gefüllt. Der zweite Schrank enthält 5 Fächer mit jeweils 25 Bällen. Wie viele Bälle fehlen?

Rechnung:

15 Bälle · 4 = 60 Bälle
25 Bälle · 5 = 125 Bälle

60 Bälle + 125 Bälle = 195 Bälle
200 Bälle – 195 Bälle = 5 Bälle

Kontrolle:

____
____
____

Beispiel

1. **Aufgabe:**
In einer Gärtnerei wurden 40 Kisten mit je 25 Stiefmütterchen gefüllt. 520 Stiefmütterchen waren gelb, die übrigen blau. Wie viele blaue Stiefmütterchen wurden verpackt?

2. **Sachverhalt:**
Blaue und gelbe Stiefmütterchen wurden verpackt.

3. **Gesucht:**
Anzahl der blauen Stiefmütterchen

4. **Gegeben:**
Gesamte Stiefmütterchen: 40 Kisten mit je 25 Stiefmütterchen
Gelbe Stiefmütterchen: 520

5. **Lösungsweg** (Zeichnung als Lösungshilfe):

Es ist nicht notwendig, alle 40 Kisten in den Streifen zu zeichnen!

Beachte

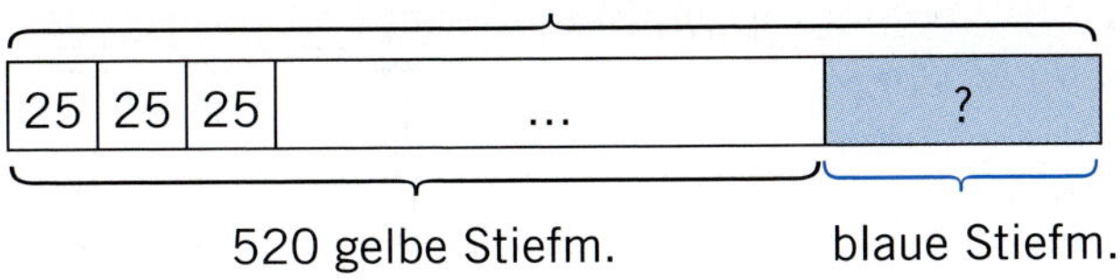

6. **Rechnung:**
Insgesamt: 40 · 25 Stiefm. = 1000 Stiefm.

Blaue Stiefm.: 1000 Stiefm. – 520 Stiefm. = 480 Stiefm.

7. **Kontrolle:**
480 Stiefm. + 520 Stiefm. = 1000 Stiefm.
1000 : 25 = 40 → 40 Kisten

8. **Antwortsatz:**
Es wurden 480 blaue Stiefmütterchen verpackt.

2.

Auch hier sollst du die Leerstellen ausfüllen:

1. **Aufgabe:**
   Erwachsene müssen für eine Kinokarte 8 €, Schüler 6 € bezahlen. An der Kinokasse werden täglich etwa 250 Karten für Erwachsene und 150 für Schüler verkauft. Wie groß ist die Gesamteinnahme in einer Woche?

2. **Sachverhalt:**
   Verkauf von Kinokarten für Erwachsene und Schüler in einer Woche.

3. **Gesucht:** ______________________________

4. **Gegeben:** ______________________________

5. **Lösung** (Unterstreichen als Lösungshilfe):
   Um das Unterstreichen ausführen zu können, haben wir hier den Aufgabentext noch einmal angegeben.
   Erwachsene müssen für eine Kinokarte 8 €, Schüler 6 € bezahlen. An der Kinokasse werden täglich etwa 250 Karten für Erwachsene und 150 für Schüler ver kauft. Wie groß ist die Gesamteinnahme in einer Woche?

6. **Rechnung:**
   Erwachsene: ______________________________
   Schüler: ______________________________
   täglich: ______________________________
   in einer Woche: ______________________________

7. **Kontrolle:** ______________________________

8. **Antwortsatz:** ______________________________

Bearbeite die folgenden Aufgaben wie in den vorigen Beispielen.

3.

Frau Oppermann kauft für den Urlaub ein: 3 Paar Badelatschen zu je 15 €, 2 Strandtaschen zu je 12,50 € und 5 Rätselhefte zu je 1,50 €. Sie bezahlt mit einem 100-€-Schein. Wie viel € erhält sie zurück?

4.

Onkel Rudi ist Vertreter. Er ist viel mit dem Auto unterwegs. Am Montag fährt er 170 km, Dienstag und Mittwoch sind es jeweils 150 km, Donnerstag und Freitag jeweils 200 km. Wie viel km sind das im Durchschnitt täglich?

Jetzt kannst du alleine rechnen

Bei den folgenden Aufgaben sollst du selbst entscheiden, wie du vorgehen willst. Kannst du eine Aufgabe sofort lösen, brauchst du natürlich keinen Lösungsplan. Wenn du bei schwierigen Aufgaben nach dem Lösungsplan arbeitest, kannst du dir die Schreibarbeit vereinfachen, indem du Punkt 2 und 7 im Kopf bearbeitest.

1.
Ein Lkw kann 1000 kg transportieren. Er wird mit 3 Kisten zu je 120 kg und 5 Kisten zu je 100 kg beladen. Es sind noch Kisten da, von denen jede 70 kg wiegt. Wie viele solcher Kisten können noch verladen werden?

2.
An der Tankstelle kostet 1 l Benzin 1,05 €. Herr Huber tankt 35 l. Außerdem benötigt er 2 l Öl zu 4,50 € pro l. Er zahlt mit einem 100-€-Schein. Wie viel erhält er zurück?

3.
Im Supermarkt kostet 1 kg Aufschnitt 8,70 €, 1 kg Mettwurst 14,20 € und 1 kg Rindfleisch 18,20 €.
Im Verbrauchermarkt muss man für 1 kg Aufschnitt 7,90 €, für 1 kg Mettwurst 14,50 € und für 1 kg Rindfleisch 18,50 € bezahlen. Es werden 3 kg Aufschnitt, 2 kg Mettwurst und 4 kg Rindfleisch gekauft. Wie teuer wird der Einkauf im Supermarkt und im Verbrauchermarkt? Wo kauft man also am günstigsten ein?

4.
Für 20 € kann man 24 l Diesel tanken. Wie viel l bekommt man für 30 €?

5.
30 Radiergummis passen in einen großen Karton, in einen kleinen dagegen nur ein Drittel davon. 12 große Kartons sind gefüllt und doppelt so viele kleine. Wie viele Radiergummis wurden verpackt?

4 Textaufgaben mit Zeitangaben

Stunden – Minuten – Sekunden

In vielen Textaufgaben findest du Angaben über **Zeitpunkte** und **Zeitspannen**. Es ist daher wichtig, dass du mit Zeiteinheiten umgehen kannst. Du sollst deshalb hier zunächst das Rechnen mit Zeiteinheiten wiederholen und üben. Die vorkommenden Textaufgaben löst du, wie du es in den Kapiteln 2 und 3 gelernt hast.

Zwischen **Stunden**, **Minuten** und **Sekunden** besteht der folgende Zusammenhang:

1 Stunde (h) = 60 Minuten (min)

1 Minute = 60 Sekunden (s)

1 s $\xrightarrow{\cdot 60}$ 1 min $\xrightarrow{\cdot 60}$ 1 h

1.

Wandle in die Zeiteinheiten um.

a) Wandle so in min um: 3 h = 3 · 60 min = 180 min

4 h; 7 h; 12 h; 20 h; 8 h; 30 h

b) in s: 4 min = 4 · 60 s = 240 s

3 min; 20 min; 10 min; 8 min; 40 min; 7 min

c) in min: 240 s = 4 min, weil 240 s : 60 s = 4

360 s; 600 s; 120 s; 420 s; 1800 s; 2400 s

d) in h: 180 min = 3 h, weil 180 min : 60 min = 3

240 min; 120 min; 420 min; 600 min; 1200 min; 60 min

2.

Häufig muss man Bruchteile von Stunden und Minuten berechnen.

Beachte

$\frac{1}{4}$ h = 1 h : 4 = 60 min : 4 = 15 min

$\frac{3}{4}$ h = $\frac{1}{4}$ h · 3 = 15 min · 3 = 45 min

$2\frac{1}{4}$ h = 2 h + $\frac{1}{4}$ h = 120 min + 15 min = 135 min

Fülle die Tabellen aus:

a)

Stunden	Minuten
$\frac{1}{2}$ h	30 min
$\frac{1}{4}$ h	
$\frac{3}{4}$ h	
$2\frac{1}{2}$ h	
$3\frac{3}{4}$ h	

b)

Minuten	Sekunden
$\frac{1}{4}$ min	15 s
$1\frac{1}{4}$ min	
$3\frac{1}{2}$ min	
$4\frac{3}{4}$ min	
$5\frac{1}{2}$ min	

c)

Stunden	Minuten
$5\frac{1}{2}$ h	330 min
$7\frac{1}{4}$ h	
$10\frac{3}{4}$ h	
$4\frac{1}{2}$ h	
$8\frac{3}{4}$ h	

3.

Wandle wie im Beispiel um:

Die Schreibweise 1 h 20 min bedeutet:
1 h 20 min = 1 h + 20 min = 60 min + 20 min = 80 min

a) 3 h 12 min = 192 min

4 h 40 min = ____________

5 h 10 min = ____________

12 h 5 min = ____________

b) 4 min 12 s = 252 s

3 min 40 s = ____________

10 min 8 s = ____________

9 min 25 s = ____________

4.

Verwandle jeweils in die größere Einheit:

a) 80 s = 1 min 20 s

150 s = ____________

260 s = ____________

b) 75 min = 1 h 15 min

105 min = ____________

160 min = ____________

Zeitpunkte – Zeitspannen

Beispiel

Die Bahnhofsuhr zeigt 8 Uhr 55 Minuten. Man schreibt für diesen **Zeitpunkt** 8.55 Uhr. Der Zug kommt in 35 Minuten. Dieser Wert heißt **Zeitspanne** oder **Zeitdauer**.
Zu welchem Zeitpunkt kommt demnach der Zug an?

Du kannst diese Aufgabe so rechnen:
8.55 Uhr bedeutet: Seit Mitternacht sind 8 h 55 min verstrichen. 8 h 55 min + 35 min = 8 h 90 min = 9 h 30 min.
Aus 9 h 30 min ergibt sich als gesuchter Zeitpunkt 9.30 Uhr.

1.
Wie spät ist es jeweils, wenn

a) seit 9.45 Uhr
35 min; 1 h 30 min; 2 h 15 min; 4 h 30 min verstrichen sind?

b) seit 12.37 Uhr
45 min; 2 h 15 min; 4 h 25 min; 7 h 20 min vergangen sind?

2.
a) Eine Uhr geht 38 Minuten vor. Wie spät ist es in Wirklichkeit, wenn die Uhr
8.17 Uhr; 9.05 Uhr; 15.20 Uhr zeigt?

Bedenke

Wirkliche Zeit beim

Vorgehen → (−) Nachgehen → (+)

b) Eine Uhr geht 43 min nach. Wie spät ist es jetzt in Wirklichkeit, wenn die Uhr
11.57 Uhr; 19.35 Uhr; 21.46 Uhr zeigt?

3.
Es ist 11.28 Uhr. Wie spät ist es nach 45 min, nach weiteren 45 min und nach noch weiteren 30 min?

4.
Welche Uhrzeiten ergeben sich jeweils nach 48 min? Es ist jetzt 12.15 Uhr; 17.38 Uhr; 23.35 Uhr; 0.27 Uhr.

Beispiel

Welche Zeitspanne ist hier verstrichen?

14:35 **16:15**

Du kannst diese Aufgabe durch **Ergänzen** lösen:

14 h 35 min + ____________ = 16 h 15 min

14 h 35 min + 1 h = 15 h 35 min

15 h 35 min + 40 min = 16 h 15 min

also 1 h 40 min.

Oder du kannst sie durch **Subtrahieren** lösen:

16 h 15 min – 14 h 35 min =

15 h 75 min – 14 h 35 min = 1 h 40 min.

5.

Ermittle die Zeitspannen:

a) 8.25 Uhr bis 10.12 Uhr b) 10.35 Uhr bis 14.15 Uhr

6.

Die Sonne ist am 1. Januar um 8.25 Uhr aufgegangen und um 16.50 Uhr untergegangen. Am 1. Juni schien sie dagegen von 4.11 Uhr bis 20.40 Uhr.

a) Wie lange schien die Sonne jeweils an den Tagen?

b) Um welche Zeitspannen ist die Sonne am 1. Juni früher aufgegangen und später untergegangen als am 1. Januar?

7.

Ein Vormittag im Zeltlager ist so geplant:

7.45 Uhr aufstehen, 20 min waschen, 35 min frühstücken, $2\frac{1}{4}$ h Sport, 50 min Freizeit und 45 min Unterricht.

Wann sind die Tätigkeiten jeweils beendet? Gib hier die Zeitpunkte an:

7.45 Uhr ____________ ____________ ____________

____________ ____________

8.

Ein Handwerker hat diese Tabelle angelegt. Fülle sie vollständig aus.

Arbeitsbeginn	7.15 Uhr	9.55 Uhr		15.15 Uhr
Arbeitsende		11.10 Uhr	15.00 Uhr	17.05 Uhr
Arbeitszeit	1 h 55 min		2 h 10 min	

Tage – Wochen – Monate – Jahre

Für die größeren Zeitspannen verwendet man die Zeiteinheiten **Tage** (d), **Wochen** (Wch.), **Monate** (Mon.) und **Jahre** (J.). Die Monate sind unterschiedlich lang. So hat z. B. der Januar 31 Tage, der Februar dagegen 28 Tage und im Schaltjahr sogar 29 Tage. Aus diesem Grund gibt es keine feste Umrechnungszahl für die Anzahl der Tage bzw. Wochen im Monat.

1 **Tag** = 24 Stunden (h)
1 **Woche** = 7 Tage (d)
1 **Jahr** = 12 Monate (Mon.)

1 h $\xrightarrow{\cdot 24}$ 1 d $\xrightarrow{\cdot 7}$ 1 Wch.   1 Mon. $\xrightarrow{\cdot 12}$ 1 J.

1.
Rechne um:

a)

Tage	Stunden
4 d	96 h
7 d	
10 d	
	48 h

b)

Tage	Stunden
$\frac{1}{2}$ d	12 h
$\frac{1}{4}$ d	
$\frac{3}{4}$ d	
$2\frac{1}{2}$ d	

c)

Wochen	Tage
4 Wch.	28 d
6 Wch.	
10 Wch.	
	14 d

2.
Wandle um:

a)

Jahre	Monate
3 J.	36 Mon.
5 J.	
	60 Mon.
10 J.	

b)

Jahre	Monate
$\frac{1}{2}$ J.	6 Mon.
$\frac{1}{4}$ J.	
$\frac{3}{4}$ J.	
$1\frac{1}{2}$ J.	

c)

Tage	Wochen
21 d	3 Wch.
77 d	
140 d	
	6 Wch.

3.

a) 5 d 7 h = 127 h
3 d 2 h =
6 d 20 h =
7 d 4 h =

b) 50 h = 2 d 2 h
70 h =
130 h =
30 h =

c) 3 Wch. 5 d = 26 d
4 Wch. 3 d =
7 Wch. 2 d =
10 Wch. 6 d =

d) 40 d = 5 Wch. 5 d
20 d =
85 d =
60 d =

e) 4 J. 2 Mon. = 50 Mon.
3 J. 5 Mon. =
7 J. 1 Mon. =
2 J. 10 Mon. =

f) 40 Mon. = 3 J. 4 Mon.
20 Mon. =
45 Mon. =
70 Mon. =

Tipp

Kommen in den Aufgaben wie hier verschiedene Zeiteinheiten vor, so rechne sie zunächst in die kleineren Zeiteinheiten um.

4.

Die großen Ferien sind in diesem Jahr 5 Wochen und 6 Tage lang und die Herbstferien 2 Wochen und 3 Tage. Wie viele Wochen und Tage sind das insgesamt?

5.

Olaf fährt in den Ferien für eine Woche und 3 Tage zu seinen Großeltern. Danach geht er 2 Wochen und 4 Tage mit seinen Freunden zelten und anschließend besucht er noch 5 Tage seine Tante. Wie viele Tage dauert der Urlaub?

6.

Herr Biel hat im Jahr 6 Wochen Urlaub. 2 Wochen und 3 Tage macht er Winterurlaub und 1 Woche und 6 Tage fährt er zum Baden. Wie viel Urlaub bleibt noch übrig?

7.

Für Ausbesserungsarbeiten an einer Autobahn steht einer Baufirma ein Zeitraum von 6 Wochen und 3 Tagen zur Verfügung. Der Bauleiter plant so: 1 Woche 6 Tage Abtrag des alten Fahrbelags, 2 Wochen 3 Tage Ausbesserungsarbeiten und 1 Woche 1 Tag Asphaltierungsarbeiten. Welche Zeitspanne bleibt für die Markierungsarbeiten der Fahrbahn übrig?

8.

Osterferien gibt es in diesem Jahr vom 12. März bis 29. März. Wie viele Tage sind das?

Beispiel: *29 – 12 = 17; 17 + 1 = 18 (weil der erste Tag schon mitgezählt wird!)*
Vom 12. März bis 29. März sind es also 18 Tage.

Wie viele Tage sind es hier jeweils?

a) 5. Mai bis 27. Mai ______

b) 15. Januar bis 31. Januar ______

c) 6. Juli bis 16. Juli ______

d) 23. Okt. bis 30. Oktober ______

e) 4. Februar bis 28. Februar ______

f) 1. Mai bis 15. Mai ______

9.

Wie viele Tage sind es vom 17. Mai bis 8. Juni?
Um dies ausrechnen zu können, muss man wissen, ob der Mai 30 oder 31 Tage hat. Man könnte das im Kalender nachsehen. Besser ist es aber, diese Gedächtnisregel anzuwenden:

Handknöchelregel

Ballt man die Hand zur Faust, so kennzeichnet ein Handknöchel immer einen Monat mit 31 Tagen.

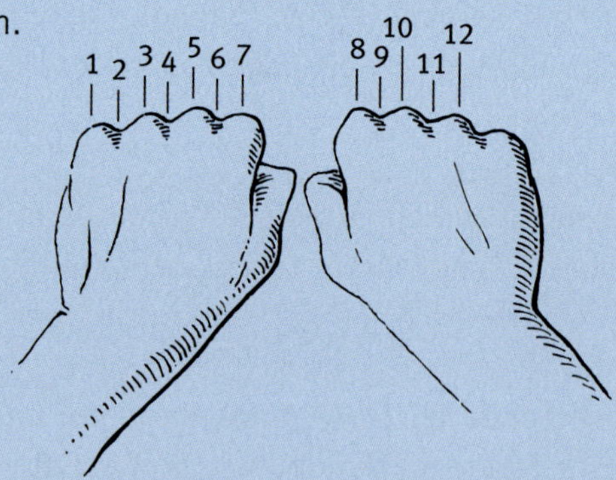

a) Übertrage die Tabelle in dein Heft und fülle sie aus:

1. Monat	2. Monat	3. Monat	4. Monat	...
Januar	Februar	März		
31 d	28 oder 29 d	31 d		

Wie viele Tage sind es also vom 17. Mai bis 8. Juni?

Beispiel: Der Mai hat 31 Tage.
$31 - 17 = 14$; $14 + 1 = 15$, da der erste Tag mitgezählt wird.
Es sind also 15 Tage im Mai.
Hinzu kommen die 8 Tage vom Juni.
Insgesamt: $15\ d + 8\ d = 23\ d$

b) Berechne ebenso:

12. Januar bis 4. Februar _____

28. März bis 19. April _____

23. Mai bis 6. Juni _____

20. Juli bis 28. August _____

19. September bis 23. Oktober _____

19. November bis 1. Dezember _____

10.

Frau Köhler macht vom 27. Mai bis 18. Juni eine Kur.

a) Wie viele Tage dauert die Kur?

b) Die Kur wird um 5 Tage verlängert. Wann kommt Frau Köhler zurück?

11.

Familie Zabel plant einen dreiwöchigen Urlaub. Es stehen zwei Termine für den Urlaubsbeginn zur Auswahl: 18. Juni oder 25. Juli. An welchem Tag ist dann jeweils der Urlaub zu Ende?

Zeit und Geschwindigkeit

Ein Auto, das in einer Stunde 100 km weit fährt, hat eine Durchschnittsgeschwindigkeit von 100 **km/h**. Man liest: 100 **Kilometer pro Stunde**.

Die **Durchschnittsgeschwindigkeit km/h** gibt an, wie viel km in einer Stunde zurückgelegt werden.

1.

Mit einem Sportwagen fährt man die 450 km lange Strecke von München nach Wien in 3 Stunden. Wie groß ist die durchschnittliche Geschwindigkeit?

Beispiel: 450 km : 3 h = 150 km/h

Berechne auch hier die Geschwindigkeiten:

a) in 5 h 180 km

b) in 2 h 150 km

c) in 4 h 60 km

d) in 6 h 720 km

2.

a) Martin will mit dem Fahrrad die 5 km zu seinem Freund in einer Viertelstunde zurücklegen. Welche Durchschnittsgeschwindigkeit muss er dann fahren?

Tipp Du musst die Strecke ausrechnen, die in 1 h zurückgelegt wird.

b) Uwe schaffte 11 km in $\frac{1}{2}$ h. Wie groß war seine Geschwindigkeit?

c) Ein Motorrad brauchte für 28 km $\frac{1}{4}$ h, ein Auto für 55 km $\frac{1}{2}$ h. Welches Fahrzeug hatte die größere Geschwindigkeit?

3.

Beispiel: Frau Wippermann hat mit ihrem Auto 20 km in 10 min zurückgelegt. Wie groß war ihre Geschwindigkeit?

in 10 min → 20 km
in 1 min → 20 km : 10 = 2 km
in 60 min = 1 h → 2 km · 60 = 120 km

Also ist 120 km/h die Geschwindigkeit.

Berechne in gleicher Weise die Geschwindigkeiten:

a) 60 km in 20 min
b) 10 km in 5 min
c) 120 km in 40 min
d) 200 km in 50 min

4.

Jan radelt mit einer Geschwindigkeit von 16 km/h. Welche Strecke fährt er?

16 km/h bedeutet, in 1 h werden 16 km gefahren.

Merke

a) in 2 h
b) in 5 h
c) in $\frac{1}{2}$ h
d) in $\frac{1}{4}$ h
e) in $1\frac{1}{2}$ h
f) in $2\frac{1}{4}$ h

5.

Beispiel: Ein Auto fährt 120 km/h. In welcher Zeit schafft es 600 km?

Für 120 km benötigt es 1 h,
für 600 km benötigt es 600 : 120 = 5, also 5 h.

Berechne auch hier die Zeiten:

a) 330 km weit mit 110 km/h
b) 150 km weit mit 50 km/h
c) 320 km weit mit 80 km/h
d) 900 km weit mit 150 km/h

6.

Hennings Großeltern wohnen 160 km entfernt.

a) Wie lange ist er mit dem Rad unterwegs, wenn er durchschnittlich 20 km/h schafft?

b) Mit dem Auto braucht man 2 h. Mit welcher Durchschnittsgeschwindigkeit fährt es?

5 Textaufgaben mit Flächen- und Rauminhaltsberechnungen

Flächeneinheiten

Diese Flächeneinheiten sollte man kennen:

$1\ \text{km}^2 = 100$ Hektar (ha)
$1\ \text{ha} = 100$ Ar (a)
$1\ \text{a} = 100\ \text{m}^2$
$1\ \text{m}^2 = 100\ \text{dm}^2$
$1\ \text{dm}^2 = 100\ \text{cm}^2$
$1\ \text{cm}^2 = 100\ \text{mm}^2$

$$1\ \text{mm}^2 \xrightarrow{\cdot 100} 1\ \text{cm}^2 \xrightarrow{\cdot 100} 1\ \text{dm}^2 \xrightarrow{\cdot 100} 1\ \text{m}^2 \xrightarrow{\cdot 100} 1\ \text{a} \xrightarrow{\cdot 100} 1\ \text{ha} \xrightarrow{\cdot 100} 1\ \text{km}^2$$

Die jeweiligen Umrechnungen zwischen den einzelnen Flächeneinheiten lassen sich leicht ableiten:

Beispiel

Wie viel m^2 sind 1 ha?
1 ha ist ein 100 m langes und 100 m breites Quadrat, also
$1\ \text{ha} = 100\ \text{m}^2 \cdot 100 = 10\,000\ \text{m}^2$

Wie viel m^2 sind 1 a?
1 a ist ein 10 m langes und 10 m breites Quadrat, also
$1\ \text{a} = 10\ \text{m}^2 \cdot 10 = 100\ \text{m}^2$

Wie viel dm^2 sind 1 m^2?
1 m^2 ist ein 10 dm langes und 10 dm breites Quadrat, also
$1\ \text{m}^2 = 10\ \text{dm}^2 \cdot 10 = 100\ \text{dm}^2$

1.
Rechne diese Flächeneinheiten ebenso um:

a) 1 m^2 = ____________ cm^2
1 m^2 = ____________ dm^2
1 m^2 = ____________ mm^2

b) 1 a = ____________ m^2
1 a = ____________ dm^2
1 a = ____________ cm^2

c) 1 km^2 = ____________ m^2
1 ha = ____________ m^2
1 a = ____________ m^2

2.
Wandle um:

a) 4 m^2 = 40 000 cm^2
17 m^2 = ____________
120 m^2 = ____________

b) 7 a = ____________ m^2
9 a = ____________
15 a = ____________

c) 3 ha = ____________ m^2
8 ha = ____________
20 ha = ____________

d) 800 dm^2 = 8 m^2
1200 dm^2 = ________
500 dm^2 = ________

e) 600 mm^2 = ________ cm^2
800 mm^2 = ________
1500 mm^2 = ________

f) 900 a = ________ ha
8 000 a = ________
25 000 a = ________

3.
Hier soll in die nächstgrößere Einheit umgewandelt werden:

a) 3420 dm^2 = 34 m^2 20 dm^2
560 mm^2 = ____________
1505 m^2 = ____________

b) 370 ha = ____________
1508 dm^2 = ____________
460 cm^2 = ____________

c) 3725 mm^2 = ________ d) 352 a = ________

475 cm^2 = ________ 7301 ha = ________

710 m^2 = ________ 1243 a = ________

4.

Gemischte Flächenmaße schreibt man auch mit Komma:

Beispiel: 17 m^2 50 dm^2 = 17,50 m^2 8 ha 5 a = 8,05 ha

a) 72 km^2 25 ha = ________ km b) 9 a 30 m^2 = ________

8 m^2 17 dm^2 = ________ 17 ha 5 a = ________

1 dm^2 75 cm^2 = ________ 22 m^2 15 dm^2 = ________

34 cm^2 12 mm^2 = ________ 6 dm^2 1 cm^2 = ________

5.

Schreibe ohne Komma:

a) 12,15 m^2 = 12 m^2 15 dm^2 b) 93,37 dm^2 = ________

9,08 dm^2 = ________ 5,03 m^2 = ________

35,30 cm^2 = ________ 19,21 cm^2 = ________

4,25 a = ________ 7,31 km^2 = ________

6.

Diese Größen sollst du jeweils in die kleinste vorkommende Flächeneinheit umwandeln. Rechne dann die Aufgaben schriftlich:

a) 512 cm^2 + 17 dm^2 52 cm^2 + 3 dm^2 b) 8 m^2 + 3 m^2 25 dm^2

c) 17 m^2 + 3 m^2 25 dm^2 + 625 dm^2 d) 71 m^2 – 4325 dm^2

e) 8 ha 27 a + 19 ha + 430 a f) 8415 m^2 – 19 a 27 m^2

Flächenberechnungen

Beispiel

Ein rechteckiges Grundstück ist 70 m lang und 30 m breit. Wie groß ist seine Fläche? Wie lang muss der Zaun sein, der diese Fläche begrenzt?

In dieser Aufgabe müssen also **Flächeninhalt A** und **Umfang U** eines Rechtecks berechnet werden.

$A = a \cdot b$

$A = 70\ m^2 \cdot 30$

$A = 2100\ m^2$

$A = 70\ m \cdot 30\ m$

$U = 2 \cdot a + 2 \cdot b$

$U = 2 \cdot 70\ m + 2 \cdot 30\ m$

$U = 200\ m$

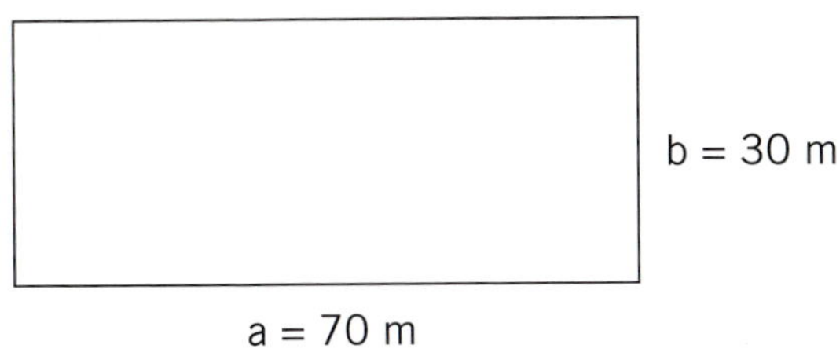

1.
Bestimme von diesen Rechtecken jeweils A und U:

a) a = 12 m; b = 5 m

b) a = 45 cm; b = 7 cm

c) a = 0,5 m; b = 3,5 m

Ein Rechteck mit vier gleich langen Seiten heißt Quadrat.

2.
Wie lauten die Formeln zur Berechnung von A und U eines Quadrates?

3.
Ermittle von diesen Rechtecken und Quadraten jeweils A und U:

a) a = 12 cm

b) a = 2,5 cm; b = 3,5 cm

c) a = 3,8 m

d) a = 25 cm; b = 7,2 cm

Beispiel Ein 1500 m^2 großes rechteckiges Grundstück ist 50 m lang. Wie breit ist es? Rechne so:

$A = a \cdot b$
$A = 1500\ m^2$; $a = 50\ m$; gesucht ist b.
$A = 1500\ m^2 = 50\ m \cdot b \rightarrow b = 1500\ m^2 : 50\ m = 30\ m$

Überprüfe deine Rechnung, indem du $a \cdot b = A$ rechnest.
Erhältst du 1500 m^2? $\rightarrow 50\ m \cdot 30\ m = 1500\ m^2$

4.

a) Berechne in gleicher Weise von diesen Rechtecken die jeweils fehlende Seite:
1) $A = 2700\ m^2$; $a = 90\ m$ 2) $A = 460\ m^2$; $a = 20\ m$
3) $A = 2940\ m^2$; $b = 70\ m$ 4) $A = 960\ m^2$; $b = 40\ m$

b) Wie groß ist der jeweilige Umfang dieser Rechtecke?

5.

a) Olafs Großeltern besitzen einen Kleingarten. Er ist 1240 m^2 groß. Die eine Seite ist 40 m lang. Wie lang muss dann die andere Seite sein?

b) Der Garten erhält einen neuen Zaun. Wie lang wird er, wenn die Gartenpforte mitgerechnet wird?

Beispiel Um ein rechteckiges Grundstück ist eine 480 m lange Hecke gepflanzt. Das Grundstück ist 190 m lang. Wie breit ist es? Lege eine Zeichnung an.

$U = 480\ m$; $a = 190\ m$; gesucht ist b,
im Umfang sind aber $2 \cdot a$ und $2 \cdot b$ enthalten: $U = 2 \cdot a + 2 \cdot b$

$480\ m = 2 \cdot 190\ m + 2 \cdot b$
$2 \cdot b = 480\ m - 380\ m = 100\ m$
$b = 100\ m : 2 = 50\ m$

Kontrolliere in deiner Rechnung, ob $2 \cdot a + 2 \cdot b = 480\ m$ ergibt.
$2 \cdot 190\ m + 2 \cdot 50\ m = 480\ m$

6.

a) Wie lang ist die jeweils fehlende Seite dieser Rechtecke?

1) $U = 240\ m$; $a = 50\ m$ 2) $U = 200$; $a = 70\ m$
3) $U = 360\ m$; $b = 150\ m$ 4) $U = 1280\ m$; $b = 400\ m$

b) Berechne auch die Flächeninhalte dieser Rechtecke.

7.

a) Julia und Henning haben ein 160 m langes Seil. Sie wollen daraus ein Rechteck spannen, dessen eine Seite 30 m lang sein soll. Wie lang wird dann die zweite Seite sein? Fertige dazu eine Skizze an.

b) Berechne den Flächeninhalt des aufgespannten Rechtecks.

c) Julia nimmt jetzt als Länge des Rechteckes 25 m. Wie lang wird nun die andere andere Seite?

d) Ermittle auch vom zweiten Rechteck die Flächengröße.

e) Ergänze diese Tabelle und berechne die fehlenden Größen:

U	160 m	160 m	160 m	160 m
a	30 m	25 m	20 m	40 m
b				
A				

f) Zu welchen Seitenlängen gehört der größte Flächeninhalt? Wie heißt diese Sonderform eines Rechtecks?

8.

Berechne die fehlenden Größen:

a	35 m	30 m		20 cm	
b	21 m		50 dm		40 cm
A		420 m^2	4000 dm^2		
U				70 cm	150 cm

Tipp Bei manchen Aufgaben muss man die Größenangaben durch Umwandeln vereinheitlichen!

9.

a) Der Rahmen eines rechteckigen Bildes ist 2,80 m lang. Das Bild ist 80 cm breit. Wie lang ist es?

b) Eine rechteckige Glasscheibe ist 8400 cm^2 groß. Die Länge einer Seite beträgt 1,20 m. Wie lang ist die andere?

Raumeinheiten

$1\ m^3 = 1000\ dm^3$

$1\ dm^3 = 1000\ cm^3$

$1\ cm^3 = 1000\ mm^3$

$1\ mm^3 \xrightarrow{\cdot 1000} 1\ cm^3 \xrightarrow{\cdot 1000} 1\ dm^3 \xrightarrow{\cdot 1000} 1\ m^3$

Für Flüssigkeiten benutzt man als Raummaß meist **Liter** (l) bzw. **Milliliter** (ml).

$1\ l = 1\ dm^3$ $\quad$ $1\ ml = 1\ cm^3$ $\quad$ $1\ l = 1000\ ml$

Die Umrechnungen zwischen den einzelnen Raumeinheiten kann man sich leicht überlegen:

Beispiel

Wie viel dm^3 sind $1\ m^3$?

$1\ m^3$ ist ein Würfel, der 10 dm lang, 10 dm breit, 10 dm hoch ist, also
$1\ m^3 = 10\ dm^3 \cdot 10 \cdot 10 = 1000\ dm^3$

1.

Rechne diese Raumeinheiten um:

a) $1\ dm^3$ = ______ cm^3	b) $1\ dm^3$ = ______ l	c) $1\ cm^3$ = ______ ml
$1\ cm^3$ = ______ mm^3	$1\ m^3$ = ______ l	$1\ dm^3$ = ______ ml
$1\ m^3$ = ______ dm^3	1 l = ______ ml	1 ml = ______ cm^3

2.

Wandle um:

a) $7\ m^3 = 7000\ dm^3$	b) $4\ m^3$ = ______ l	c) $45\ dm^3$ = ______ cm^3
$12\ m^3$ = ______ dm^3	$15\ m^3$ = ______ l	$7\ dm^3$ = ______ l
$30\ m^3$ = ______ dm^3	$40\ m^3$ = ______ l	$150\ dm^3$ = ______ cm^3

d) $6000\ cm^3$ = ____ dm^3 e) $14\ 000\ mm^3$ = ____ cm^3 f) 8 l = ______ ml

$19000\ cm^3$ = ____ dm^3 $3\ 000\ mm^3$ = ____ cm^3 12 l = ______ ml

$8000\ cm^3$ = ____ l $20\ 000\ mm^3$ = ____ cm^3 3 l = ______ dm^3

3.

Hier soll jeweils in die nächstgrößere Einheit umgewandelt werden:

a) $3\ 120\ dm^3 = 3\ m^3\ 120\ dm^3$ b) 3 725 ml = ______________

$19\ 200\ cm^3$ = ______________ $4\ 500\ dm^3$ = ______________

$8\ 070\ cm^3$ = ______________ $1\ 750\ cm^3$ = ______________

$5\ 175\ mm^3$ = ______________ 18 005 ml = ______________

4.

Gemischte Raummaße schreibt man meist mit Komma:

Beispiel: $6\ m^3\ 150\ dm^3 = 6{,}150\ m^3$ 7 l 20 ml = 7,020 l

a) $8\ m^3\ 155\ dm^3$ = ____________ b) $10\ m^3\ 375\ dm^3$ = __________

$16\ dm^3\ 50\ cm^3$ = ____________ $4\ dm^3\ 5\ cm^3$ = __________

$7\ cm^3\ 430\ mm^3$ = ____________ 14 l 30 ml = __________

3 l 12 ml = ____________ $6\ cm^3\ 145\ mm^3$ = __________

5.

Schreibe ohne Komma:

a) $4{,}145\ m^3 = 4\ m^3\ 145\ dm^3$ b) $8{,}210\ dm^3$ = ______________

$0{,}145\ m^3$ = ______________ $0{,}700\ dm^3$ = ______________

$12{,}050\ m^3$ = ______________ $35{,}005\ cm^3$ = ______________

8,725 l = ______________ 0,750 ml = ______________

6.

Verwandle zunächst in die kleinste vorkommende Raumeinheit und rechne:

a) $8\ m^3\ 150\ dm^3 + 6750\ dm^3 + 19\ m^3$ b) $7\ m^3\ 145\ dm^3 - 3125\ dm^3$

c) $12\ dm^3\ 300\ cm^3 + 8155\ cm^3 + 3\ dm^3$ d) 6 l 350 ml – 2568 ml

Berechnen von Rauminhalten und Oberflächen

Beispiel Ein quaderförmiger Behälter ist 6 m lang, 3 m breit und 2 m hoch. Wie groß ist sein Rauminhalt (Volumen)? Der Behälter soll angestrichen werden. Wie groß ist seine Oberfläche? Berechne V und O!

$\mathbf{V = a \cdot b \cdot c}$

$V = 6\ m^3 \cdot 3 \cdot 2$ oder

$V = 6\ m \cdot 3\ m \cdot 2\ m$

$V = 36\ m^3$

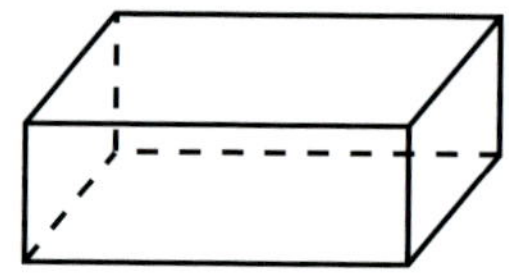

$\mathbf{O = 2 \cdot a \cdot b + 2 \cdot a \cdot c + 2 \cdot b \cdot c}$

$O = 2 \cdot 6\ m \cdot 3\ m + 2 \cdot 6\ m \cdot 2\ m + 2 \cdot 3\ m \cdot 2\ m$

$O = 72\ m^2$

1.

Ermittle von diesen Quadern V und O.

a) a = 8 dm; b = 3 dm; c = 5 dm
b) a = 12 cm; b = 6 cm; c = 3 cm

2.

Berechne V und O. Achte darauf, dass die Längen der Quaderkanten die gleichen Einheiten aufweisen. Rechne gegebenenfalls die Einheiten um.

a) a = 3 m; b = 12 dm; c = 5 dm
b) a = 12 dm; b = 25 cm; c = 8 cm

Ein Quader, bei dem alle begrenzenden Flächen gleich groß sind, heißt **Würfel**.

3.

Bezeichne die Kantenlänge eines Würfels mit a. Wie lauten die Formeln zur Berechnung von V und O?

4.

Bestimme von diesen Quadern und Würfeln jeweils V und O.

a) a =12 m
b) a = 3,5 m; b = 12 dm; c = 5 dm
c) a = 4 cm; b = 12 cm; c = 0,9 dm
d) a = 3,5 dm

Beispiel

Das Volumen eines quaderförmigen Gefäßes beträgt 60 dm^3. Es ist 5 dm lang und 3 dm breit. Wie hoch ist es?

$V = 60\ dm^3$; $a = 5$ dm und $b = 3$ dm; gesucht ist c! In eine Grundschicht passen 5 dm · 3 dm = 15 dm^2. Wie viele Grundschichten müssen übereinander liegen?

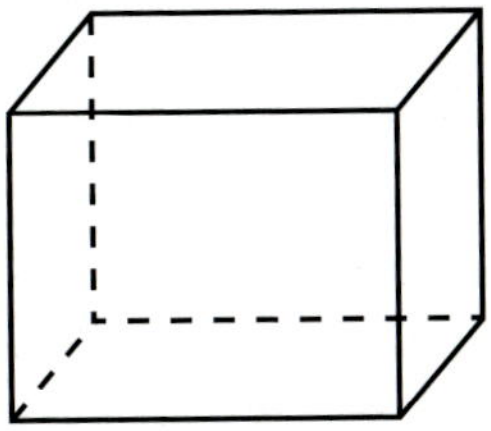

$60\ dm^3 : 15\ dm^2 = 4\ dm$
also ist $c = 4$ dm

Überprüfe deine Rechnung, indem du $V = a \cdot b \cdot c$ rechnest. Erhältst du 60 dm^3?
→ $5\ dm \cdot 3\ dm \cdot 4\ dm = 60\ dm^3$

5.

a) Timos Aquarium ist 12 dm lang und 6 dm breit. Er füllt es mit 360 l Wasser. Wie hoch steht es dann im Aquarium? Bedenke: 1 l = 1 dm^3

b) Julia hat ein kleineres Aquarium. Es ist nur 9 dm lang, 5 dm breit und 6 dm hoch. Sie überlegt: Würden in mein Aquarium auch 360 l Wasser hineingehen? Kannst du ihr helfen? Überprüfe es.

6.

a) Henning will an seinem Aquarium eine Skala anbringen, an der er ablesen kann, wie hoch jeweils das Wasser steht, wenn er 200 l, 300 l oder 400 l einfüllt. Sein Aquarium ist 12,5 dm lang, 8 dm breit und 6 dm hoch.

b) Wie viel l Wasser gehen in sein Aquarium hinein, wenn es randvoll gefüllt werden soll?

7.

Bestimme die fehlenden Größen dieser Quader:

a	8 m	6 m	12 cm	25 cm	
b	4 m	4 m	2,5 dm	8 cm	12 cm
c	5 dm		4 cm		5 cm
V		72 m^3		400 cm^3	1200 cm^3
O					

Vermischte Aufgaben mit Lösungsplan 3

Zum Lösen von Aufgaben mit Flächeninhalts- und Rauminhaltsberechnungen muss der allgemeine Lösungsplan ergänzt werden. Er sieht jetzt so aus:

Lösungsplan 3

1. **Lies** die ganze Aufgabe gründlich durch.
2. Welcher **Sachverhalt** wird in der Aufgabe dargestellt? **Wovon** handelt also die Aufgabe?
3. Was ist **gesucht**?
4. Was ist **gegeben**? Fertige eine **Zeichnung** an und trage die gegebenen Größen ein. Wandle die gegebenen Größen in die gleichen Einheiten um, also alle Längen entweder in m oder dm oder cm.
5. Überlege dir den **Lösungsweg**:
   a) Du musst herausfinden, ob du mit dem **Umfang einer Fläche**, mit dem **Flächeninhalt** oder mit dem **Rauminhalt** arbeiten musst.
   b) Notiere dir die jeweils notwendigen Formeln.
6. Führe die **Rechnung** aus.
7. **Kontrolliere** das Ergebnis.
8. Schreibe einen **Antwortsatz**.

Beispiel

1. **Aufgabe:**
Ein quaderförmiges Schwimmbecken soll einen neuen Anstrich erhalten. Es ist 12,5 m lang, 8 m breit und 3 m tief. Wie teuer wird der Anstrich, wenn 1 m^2 8 € kostet?

2. **Sachverhalt:**
Die Flächen eines Quaders sollen gestrichen werden.

3. **Gesucht:**
Größe der Fläche und Preis des Anstrichs.

4. **Gegeben:**

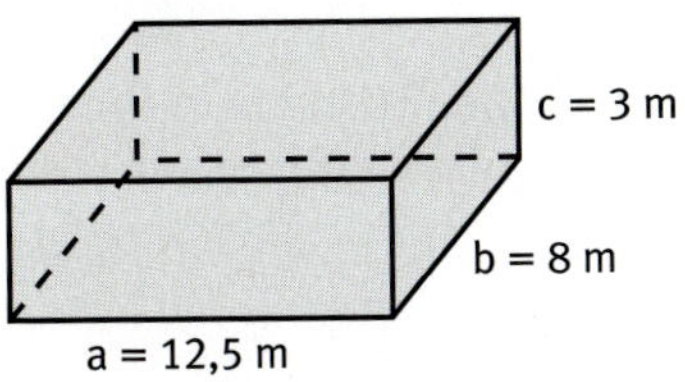

1 m^2 kostet 8 €.

5. **Lösungsweg:**
Von der Oberfläche des Quaders $O = 2 \cdot a \cdot b + 2 \cdot a \cdot c + 2 \cdot b \cdot c$ muss die Deckfläche $a \cdot b$ abgezogen werden.

   a) Zu streichende Fläche A:
   $A = a \cdot b + 2 \cdot a \cdot c + 2 \cdot b \cdot c$

   b) Preis: Anzahl der m^2 mal 8 €

6. **Rechnung:**
Führe die Rechnung selbst aus!

7. **Kontrolle:**
Rechne zur Kontrolle O aus und ziehe von ihr die Größe der Deckfläche ab. Erhältst du A? Teile dann den Gesamtpreis durch A. Ergibt sich 8 €?

8. **Antwortsatz:**
Formuliere einen Antwortsatz.

Bearbeite diese Aufgaben wie im Beispiel.

1.
Die Fliesen in einem Schwimmbecken sollen erneuert werden. Das Becken ist 25 m lang, 10 m breit und 2,50 m tief. 1 m^2 Fliesen kostet 30 €. Welche Gesamtkosten entstehen?

2.
Wie viel m^2 Blech benötigt man zur Herstellung eines quaderförmigen Containers, der 2 m lang, 1,50 m breit und 2,50 m hoch ist?

3.
Für ein Haus wird eine quaderförmige Baugrube ausgehoben, die 15 m lang, 8 m breit und 2 m tief ist. Ein Lastwagen kann 6 m^3 Erde transportieren. Wie viele Lastwagenladungen ergeben sich?

4.
Ein Schreiner fertigt aus Brettern eine quaderförmige Kiste. 1 m^2 Holz kostet 8 €. Wie teuer wird die Herstellung der Kiste, wenn sie 1,50 m lang, 8 dm breit und 5 dm hoch ist?

5.
Herr Ziegler hat ein 1000 m^2 großes Gründstück gekauft. Er misst nach, ob die angegebene Größe stimmt. Das Grundstück ist 40 m breit. Wie lang muss es sein?

6.
Eine rechteckige Weide ist von einem 300 m langen Zaun umgeben. Eine Seite des Zaunes ist 50 m lang. Berechne die Größe der Weide.

7.
Ein quaderförmiges Schwimmbecken ist 25 m lang, 10 m breit und 3 m tief. In ihm steht das Wasser 2,50 m hoch. Wie teuer ist eine Füllung, wenn 1 m^3 Wasser 3,50 € kostet?

8.
Ein würfelförmiger Tank wird mit Heizöl gefüllt. Der Tank ist 15 dm lang. 1 dm^3 Heizöl kostet 0,37 €. Wie teuer wird die Füllung, wenn man den Tank vollständig füllt?

9.

Für ein Denkmal wird ein quaderförmiger Sockel aus Marmor hergestellt. Der Sockel ist 4 m lang, 4 m breit und 5 m hoch. Wie schwer ist der Sockel, wenn 1 m^3 Marmor 2,8 t wiegt?

10.

In einem würfelförmigen Behälter steht das Wasser 2,50 m hoch. Der Behälter ist 3 m lang. Wie schwer ist eine Wasserfüllung, wenn 1 l Wasser 1 kg wiegt (1 l = 1 dm^3)?

11.

Ein quaderförmiges Becken soll so gebaut werden, dass es 1000 l Wasser fasst. Es ist 2,50 m lang und 8 dm breit. Wie hoch muss es sein?

12.

Ein Blumenkasten ist 10 dm lang, 5 dm breit und 4 dm hoch. Es werden 80 l Erde hineingeschüttet. Wie hoch steht die Erde im Gefäß?

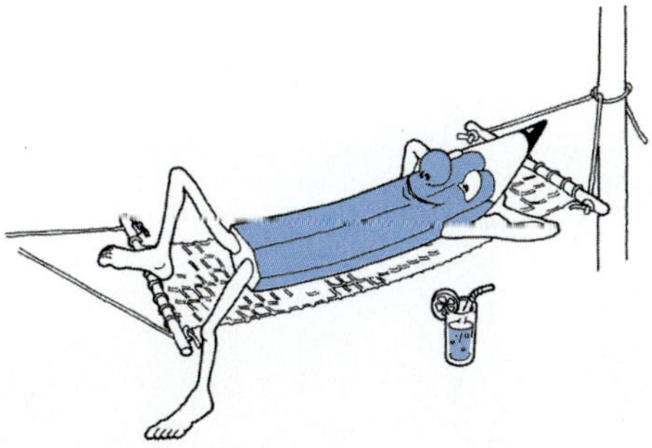

1 Rechnen mit Größen

Geldwerte

1.

a)	b)	c)
6,13 €	0,39 €	4,04 €
0,84 €	8,05 €	8,00 €
18,60 €	0,06 €	3,17 €

2.

a)	b)	c)
8 € 95 ct	20 ct	5 ct
6 € 2 ct	3 € 3 ct	7 € 40 ct
	5 € 14 ct	90 ct

3.

a)	b)	c)
140 ct	7 ct	998 ct
28 ct	860 ct	20 ct
	374 ct	7 ct

4.

a) 8 € 20 ct = 8,20 €
0 € 40 ct = 0,40 €
10 € 8 ct = 10,08 €

b) 0,81 €
4 € 2 ct = 4,02 €
0 € 3 ct = 0,03 €
7 € 0 ct = 7,00 €

5.

a) 68,84 € b) 10,68 € c) 90,49 €
d) 42,92 € e) 751,57 € f) 6,82 €

6.

a) 390,45 € b) 11 760,60 € c) 4272,96 €
d) 17,48 € e) 127,76 € f) 1309,14 €
g) 47,76 € h) 2883,00 € i) 72,45 €

7.

a) 72,36 €
1,45 €
0,18 €

b) 1,84 €
0,08 €
4,10 €

c) 10,28 €
18,64 €
0,82 €

8.

a) 3
6
64

b) 14
50
20

c) 6
210
9

Längen

1.

a) 80 000 m
205 000 m
66 000 m

b) 60 cm
400 cm
1800 cm
500 cm

c) 50 mm
800 mm
20 mm
840 mm

2.

a) 43 km
6 km

b) 20 m
8 m
62 m

c) 38 cm
7 cm

3.

a) 18,021 km
7,16 m
28,4 dm

b) 25,38 m
7,06 m
8,015 km
60,5 cm

4.

a) 0,470 km
2 km
0,070 km

b) 6,20 m
0,80 m
74,13 m
0,04 m

c) 8 cm
0,7 cm
34,2 cm
2,8 cm

5.

a) 347 cm
50 cm
1823 cm

b) 8971 m
23 m
13 450 m

c) 139 mm
70 mm
4 mm
502 mm

6.

a) 4198 m = 4,198 km
b) 3745 cm = 37,45 m
c) 3945 cm = 39,45 m
d) 99 750 m = 99,750 km
e) 315 cm : 35 cm = 9 oder 3,15 m : 0,35 m = 9
f) 30

Gewichte

1.

a) 4 kg 75 g = 4,075 kg
8 kg 4 g = 8,004 kg
72 kg 300 g = 72,300 kg

b) 4,903 t
9 t 700 kg = 9,700 t
0 t 650 kg = 0,650 t
1 t 240 kg = 1,240 t

2.

a) 0 kg 500 g = 500 g
2 kg 70 g = 2070 g
0 kg 9 g = 9 g

b) 13 t 420 kg = 13 420 kg
4 t 200 kg = 4200 kg
0 t 70 kg = 70 kg
1 t 8 kg = 1008 kg

3.

a) 0,75 kg
0,08 kg
1,5 kg
3 kg

b) 26 kg
0,9 kg
0,006 kg
0,15 kg

c) 4,8 t
0,017 t
23,4 t
0,206 t

d) 6 t
0,055 t
0,2 t
0,004 t

e) 420 g
9700 g
80 g
3004 g

f) 31 980 kg
12 400 kg
500 kg
3048 kg

4.

a)

	13 214 kg	oder		13,214 t
+	847 kg		+	0,847 t
+	500 kg		+	0,500 t
	14 561 kg			14,561 t
=	14,561 t			

b) 42 374 g = 42,374 kg

c) 6432 g = 6,432 kg

d) 6987 g = 6,987 kg

e) 77 248 kg = 77,248 t

f) 27 607 kg = 27,607 t

5.

a) 121 600 kg = 121,6 t

b) 38 920 g = 38,920 kg

c) 15 625 kg = 15,625 t

d) 2026 g = 2,026 kg

e) 6140 kg = 6,14 t

f) 1282 g = 1,282 kg

g) 6

h) 2351

i) 5

j) 69

k) 32

l) 140

2 Einfache Textaufgaben

Lösungsplan 1

Beispiel 1:

5. 450 € – 60 € = 390 €
6. 390 € + 60 € = 450 €
7. Das Rennrad kostet 390 €.

Beispiel 2:

3. Gesamtstrecke: 420 km
   Anzahl der Tage: 7
5. 420 km : 7 = 60 km
6. 60 km · 7 = 420 km
7. Sie legen jeden Tag durchschnittlich 60 km zurück.

Gesucht – Gegeben

1.

120 €; 35 €

Im Folgenden brauchen deine Antworten nicht genau so formuliert zu sein wie hier. Wichtig ist, dass du den Sachverhalt richtig erkannt hast.

2.

2. Gesucht: zurückerhaltenes Geld
3. Gegeben: Für 8,50 € eingekauft; 10 € bezahlt

3.

2. Briefmarken insgesamt
3. 135 französische Briefmarken; 318 deutsche Briefmarken

4.

2. Gesamtzahl der Wohnungen
3. 6 Fenster in jeder Wohnung; 126 Fenster im Ganzen

5.

2. gespartes Taschengeld
3. 4 Wochen gespart; 6 € Taschengeld pro Woche

6.

2. Anzahl der noch auszutragenden Briefe
3. 598 Postsendungen insgesamt; 345 Postsendungen schon ausgetragen

Signalwörter

1.

mehr (+); dazu (+); übrig bleiben (−); aufteilen (:); die Hälfte (:); weniger (−); weg (−); insgesamt (+); vervielfachen (·); das Dreifache (·)

2.

1 Tag / 1 Woche → (·)

3.

(·)

4.

1 Seite / 8 Seiten → (·)

5.

1 Kiste / 3 Kisten → (·)

6.

(:)

7.

60 Briefmarken / 10 Briefmarken → (:)

8.

1 Tag / 4 Tage → (·)

9.

150 Bälle / 6 Bälle → (:)

10.

420 Schüler / 30 Schüler → (:)

11.

die Hälfte → (:)

12.

neunmal → $\textcircled{\cdot}$

13.

verteilt → $\textcircled{:}$

14.

14.2 2. Preis der Fahrt
3. 35 € am Tag
1 Woche = 7 Tage

14.3 2. Gesamtzahl der Bilder
3. 6 Bilder auf jeder Seite
12 Seiten

14.4 2. Gesamtzahl der Bilder
3. 5 Bilder pro Seite
8 Seiten

14.5 2. Gesamtzahl der Flaschen
3. 20 Flaschen in 1 Kasten
3 Kästen

14.6 2. Anzahl der Stapel
3. Gesamtanzahl der Bilder: 90
Bilder pro Stapel: 5

14.7 2. Anzahl der Seiten
3. Gesamtanzahl der Briefmarken: 60
Briefmarken pro Seite: 10

14.8 2. insgesamt gefahrene km
3. 250 km am Tag
4 Tage

14.9 2. Anzahl der Kisten
3. 150 Bälle insgesamt
6 Bälle pro Kiste

14.10 2. Anzahl der Busse
3. 420 Schüler insgesamt
30 Schüler pro Bus

14.11 2. Anzahl der „Fußgänger"
3. 500 Schüler insgesamt
die Hälfte kommt zu Fuß

14.12 2. Alter der Großmutter
3. Maria ist 9 Jahre
Großmutter neunmal so alt

14.13 2. Anzahl der Schokoküsse pro Kind
3. 28 Schokoküsse insgesamt
7 Kinder

15.

⊖

16.

bleiben übrig → ⊖

17.

zusammen → ⊕

18.

fehlen noch → ⊖

19.

verkauft → ⊖ (noch zu haben)

20.

bleiben übrig → ⊖ (herausnehmen)

21.

weitere → ⊕

22.

22.15
2. neuer Preis
3. alter Preis: 149 €
   Nachlass: 15 €

22.16
2. übrig bleibende Brötchen
3. 50 Brötchen insgesamt
   12 Brötchen verkauft

22.17
2. Pflanzen insgesamt
3. 12 Geranien
   3 Margeriten
   9 Pantoffelblumen

22.18
2. fehlender Geldbetrag
3. Fahrradpreis: 480 €
   Sparbuch: 350 €

22.19
2. noch vorhandene Karten
3. 850 Karten insgesamt
   500 Karten verkauft

22.20
2. Bonbons für Ina
3. 82 Bonbons insgesamt
   48 Bonbons für Axel

22.21
2. Gesamtzahl der Bücher
3. vorhandene Bücher: 35
   geschenkte Bücher: 6

23.
insgesamt → (+)

24.
1 Netz / 2 Netze → (·)

25.
verteilt → (:)

26.
12 000 € / 15 € → (:)

27.
insgesamt → (+)

28.
dreimal → (·)

29.
ausgeliehen → (−) (stehen noch)

30.
mehr → (+) (insgesamt)

31.
1 Monat / 6 Monate → (·)

32.
erhält zurück → (−)

33.
9 Rosen / 1 Rose → (:)

34.
übrig → (−)

Das Lösen von Aufgaben

1.

2. Gesucht: km insgesamt
3. Gegeben: km am Samstag: 240 km
   km am Sonntag: 350 km
4. Rechenart: insgesamt → ⊕
5. Lösung: [km am Samstag] + [km am Sonntag] = [km insgesamt]

   240 km + 350 km = 590 km

2.

2. Gesamtpreis
3. Preis für 1 kg: 2,50 €
   Anzahl der kg: 5
4. 1 kg / 5 kg → ⊙
5. [Preis für 1 kg] · [Anzahl der kg] = [Gesamtpreis]

   2,50 € · 5 = 12,50 €

Wenn du noch nicht mit Kommazahlen multiplizieren kannst, musst du so rechnen:
250 ct · 5 = 1250 ct = 12,50 €

3.

2. gesparter Betrag im Jahr
3. Sparbetrag im Monat: 15 €
   Anzahl der Monate: 12
4. 1 Monat / 12 Monate → ⊙
5. [Sparbetrag im Monat] · [Anzahl der Monate] = [gesparter Betrag im Jahr]

   15 € · 12 = 180 €

4.

2. Parkplätze insgesamt
3. belegte Parkplätze: 278
   freie Parkplätze: 417
4. insgesamt → (+)
5. | belegte Parkplätze | + | freie Parkplätze | = | Parkplätze insgesamt |

   278 Parkplätze + 417 Parkplätze = <u>695 Parkplätze</u>

5.

2. Preis für Erwachsene
3. Preis für Kinder: 8 €
   Erwachsene: doppelter Preis
4. doppelt so teuer → (·)
5. | Preis für Kinder | · | 2 | = | Preis für Erwachsene |

   8 € · 2 = <u>16 €</u>

6.

2. vorhandene Bücher
3. Gesamtbücherzahl: 158
   ausgeliehene Bücher: 72
4. ausgeliehen → (–)
5. | Gesamtbücherzahl | – | ausgeliehene Bücher | = | vorhandene Bücher |

   158 Bücher – 72 Bücher = <u>86 Bücher</u>

7.

2. km pro Tag
3. Anzahl der Tage: 7 Tage
   km insgesamt: 315 km
4. 7 Tage / 1 Tag → (:) (durchschnittlich)
5. | km insgesamt | : | Anzahl der Tage | = | km pro Tag |

   315 km : 7 = <u>45 km</u>

8.

2. Preis für 1 Brötchen
3. Anzahl der Brötchen: 8
   Gesamtpreis: 3,60 €
4. 8 Brötchen / 1 Brötchen → (:)
5. [Gesamtpreis] : [Anzahl der Brötchen] = [Preis für 1 Brötchen]

   3,60 € : 8 = 0,45 € oder 360 ct : 8 = 45 ct

Kontrollieren ist wichtig

1.

a) 17 Personen + 15 Personen = 32 Personen

b) Nein, denn es sitzen 42 Personen im Bus.

c) 42 Personen – 15 Personen = 27 Personen

2.

4 kg (·3) = 12 kg

25 m (·4) = 100 m → 100 m (:4) = 25 m

80 € (– 20 €) = 60 € → 60 € (+ 20 €) = 80 €

120 kg (+ 40 kg) = 160 kg → 160 kg (– 40 kg) = 120 kg

3.

a) Kontrolle:	Strecke am Tag	·	Anzahl der Tage	=	Gesamtstrecke
	12 km	·	4	=	48 km

b) Lösung: 9 €

Kontrolle:	Gesamtpreis	:	Anzahl der Dosen	=	Preis für 1 Dose
	9 €	:	6	=	1,50 €

c) Lösung: 188 €

Kontrolle:	188 €	–	69 €	=	119 €

d) Lösung: 82 €

Kontrolle:	82 €	+	15 €	=	97 €

4.

2. Gesucht: Unterschied zwischen den Strecken
3. Gegeben: Landstraße: 253 km
   Autobahn: 210 km
4. Rechenart: Unterschied → ⊖

5. Lösung:	km Landstraße	–	km Autobahn	=	Unterschied
	253 km	–	210 km	=	43 km
6. Kontrolle:	Unterschied	+	km Autobahn	=	km Landstraße
	43 km	+	210 km	=	253 km

5.

2. Rest der Fußleiste
3. Gesamtlänge: 3 m = 300 cm
   abgesägtes Stück: 30 cm
4. absägen → ⊖
5. [Gesamtlänge] – [abgesägtes Stück] = [verbleibende Fußleiste]
   300 cm – 30 cm = 270 cm = 2,70 m
6. 270 cm + 30 cm = 300 cm

6.

2. Tortenstücke insgesamt
3. 12 Personen
   3 Stück Torte pro Person
4. 1 Person / 12 Personen → ⊙
5. [Personen] · [Tortenstücke pro Person] = [Tortenstücke insgesamt]
   12 · 3 = 36, also 36 Tortenstücke
6. 36 : 3 = 12

7.

2. Anzahl der Kartons
3. Gesamtanzahl: 324 Eier
   6 Eier pro Karton
4. 324 Eier / 6 Eier → (:)
5. [Gesamtzahl] : [Eier pro Karton] = [Anzahl der Kartons]
   324 Eier : 6 Eier = 54, also 54 Kartons
6. 54 · 6 Eier = 324 Eier

8.

2. Insgesamt
3. Oma: 50 €
   Sparbuch: 170 €
4. Insgesamt → ⊕
5. [Sparkonto] + [Oma] = [Insgesamt]
   170 € + 50 € = 220 €
6. 220 € – 50 € = 170 €

Der Antwortsatz schließt eine Aufgabe ab

Aus Platzgründen können wir nicht von jeder Aufgabe den gesamten Lösungsplan angeben.

1.

2. Preis von 1 Flasche
3. Anzahl der Flaschen: 4
   Gesamtpreis: 3,20 € = 320 ct
4. 4 Flaschen / 1 Flasche → (:)

5. [Gesamtpreis] : [Anzahl der Flaschen] = [Preis von 1 Flasche]
   3,20 € : 4 = <u>0,80 €</u>
6. [Preis von 1 Flasche] · [Anzahl der Flaschen] = [Gesamtpreis]
   0,80 € · 4 = 3,20 €

7. Eine Flasche kostet 0,80 €.

2.

4. Rechenart: einzahlen → (+)
5. Lösung: [altes Guthaben] + [Einzahlung] = [neues Guthaben]
   78 € + 16 € = <u>94 €</u>

7. Antwort: Karin hat jetzt 94 € auf ihrem Sparbuch.

3.

4. 1 Paar / 3 Paar → (·)
5. [Preis für 1 Paar] · [Anzahl] = [Gesamtpreis]
   9,99 € · 3 = <u>29,97 €</u>

7. Frau Töpfer muss 29,97 € bezahlen.

4.

4. gespart → (−)
5. [alter Preis] − [neuer Preis] = [gesparter Betrag]
   478 € − 299 € = <u>179 €</u>

7. Herr Schneider hat 179 € gespart.

Bilde selbst Aufgaben

1.

a) 1. Petra spart jede Woche 5 €. Wie viel € hat sie in 8 Wochen?
   2. Julia bezahlt 4,50 € für Bonbons. Eine Tüte kostet 1,50 €. Wie viele Tüten kauft sie?
   3. Ulf kauft ein Auto für 8,50 €. Er bezahlt mit einem 20-€-Schein. Wie viel € erhält er zurück?
   4. Auf einer Autofähre stehen schon 285 Autos. 197 Autos müssen noch verladen werden. Wie viele Autos sind es insgesamt?

b) zu 1. 4. 1 Woche / 8 Wochen → $\odot$
   5. 5 € · 8 = <u>40 €</u>
   7. In 8 Wochen hat Petra 40 €.

zu 2. 4. 4,50 € / 1,50 € → (:)
   5. 4,50 € : 1,50 € = <u>3</u>
   7. Julia kauft 3 Tüten.

zu 3. 4. erhält zurück → $\ominus$
   5. 20 € – 8,50 € = <u>11,50 €</u>
   7. Ulf erhält 11,50 € zurück.

zu 4. 4. insgesamt → $\oplus$
   5. 285 Autos + 197 Autos = <u>482 Autos</u>;
   7. Es sind insgesamt 482 Autos.

2.

1. Jan möchte sich eine Lokomotive für 180 € kaufen. Wie lange muss er sparen, wenn er jeden Monat 15 € zurücklegt?
   4. 180 € / 15 € → (:)
   5. 180 € : 15 € = <u>12</u>;
   7. Jan muss 12 Monate sparen.

2. Anja kauft 4 Kinokarten zu je 9 €. Wie viel € muss sie bezahlen?
   4. 1 Kinokarte / 4 Kinokarten → $\odot$
   5. 9 € · 4 = <u>36 €</u>;
   7. Anja muss 36 € bezahlen.

3. Beim Sportfest wirft Ina den Ball 26 m weit. Wie viel m wirft Katrin, wenn ihr Ball 5 m weiter fliegt?
   4. fliegt weiter → ⊕
   5. 26 m + 5 m = 31 m;
   7. Katrin wirft den Ball 31 m weit.

4. Björn ist 12 Jahre alt. Seine Schwester Karola ist 4 Jahre jünger. Wie alt ist Karola?
   4. jünger → ⊖
   5. 12 Jahre – 4 Jahre = 8 Jahre;
   7. Karola ist 8 Jahre alt.

3.

Diese Aufgaben sind nur Beispiele. Der Text kann bei dir anders aussehen. Vergleiche, ob du bei deinen Aufgaben dieselben Lösungen erhältst wie hier.

a) Frau König bezahlt für 5 Apfelsinen 2,15 €. Wie viel kostet eine Apfelsine?
   2,15 € : 5 = 0,43 €

b) Frau Walter kauft für ihr Enkelkind ein Spielzeugauto für 28 €. Sie bezahlt mit einem 50-€-Schein. Wie viel Geld erhält sie zurück?
   50 € – 28 € = 22 €

Zusammengesetzte Textaufgaben

Lösungsplan 2

Beispiel:

6. Rechnung: $8 \cdot 12\ € = 96\ €$
$160\ € - 96\ € = 64\ €$
$64\ € : 4 = \underline{\underline{16\ €}}$

7. Kontrolle: $12\ € \cdot 8 + 16\ € \cdot 4 = 160\ €$
8. Martin muss ab September jeweils 16 € im Monat bezahlen.

Wovon handelt die Aufgabe?

1.
In ein Parkhaus mit 458 Stellplätzen fahren 230 Autos hinein und 128 Autos heraus.

2.
Es werden Ansichtskarten zu 40 ct und 50 ct verkauft und Zeitungen zu 80 ct.

3.
Herr Meier kauft 3 Kisten Limonade und 2 Kisten Mineralwasser. Jede Kiste kostet 3 € Pfand.

4.
4 Rohrstücke werden von einem 3 m langen Eisenrohr abgeschnitten.

5.
Frau Wippermann kauft eine Waschmaschine. Einen Teil des Preises zahlt sie sofort, den Rest in Raten.

6.
3 Kunden werden mit Öl beliefert. Im Tankwagen sind 6000 l Öl.

7.
Ein Erwachsener und zwei Kinder gehen in den Zoo. Sie bezahlen mit einem 50-€-Schein.

8. Tennisbälle werden in Dosen und Kartons verpackt.

Gesucht – Gegeben

1.

1.1 3. Gesucht: Anzahl freier Parkplätze
4. Gegeben: Gesamtzahl der Parkplätze: 458
Autos hinein: 230
Autos heraus: 128

1.2 3. Gesamteinnahme
4. 350 Ansichtskarten zu je 40 ct
210 Ansichtskarten zu je 50 ct
500 Zeitungen zu 80 ct

1.3 3. Gesamtpreis
4. 3 Kisten Limonade zu je 8 €
2 Kisten Mineralwasser zu je 6 €
3 € Pfand pro Kiste

1.4 3. Länge des Reststücks
4. Gesamtlänge: 3 m
4 Rohrstücke zu je 45 cm

1.5 3. Anzahl der Monate
4. Preis der Waschmaschine: 1490 €
sofort bezahlt: 890 €
1 Monatsrate: 120 €

2.

3. Gesamtbetrag
4. Berliner: 80 ct
Brötchen: die Hälfte von 80 ct = 40 ct
Anzahl Berliner: 6
Anzahl Brötchen: das Doppelte von 6 = 12

3.

2. Zugreisende steigen ein und aus.
3. Personen im Zug jetzt
4. Personen im Zug vorher: 350
   aussteigende Personen: die Hälfte von 350 = 175
   einsteigende Personen: 40

4.

2. Für eine Dienstreise zahlt die Firma Kilometer- und Tagegeld.
3. erstattetes Geld
4. Dauer der Dienstreise: 3 Tage
   gefahrene Kilometer: 485 km
   Kilometergeld: 40 ct pro km
   Verpflegungsgeld: 75 € pro Tag

5.

2. Eine neue Brille wird gekauft.
3. zu zahlender Betrag
4. Preis des Gestells: 78 €
   Preis der Gläser: 60 €
   Zuschuss der Krankenkasse: 40 €

6.

2. Rechnung in einem Restaurant
3. Gesamtsumme
4. 2 Schnitzel zu je 9,50 €
   3 Mixgetränke zu je 2 €
   1 Apfelsaft zu 2,50 €

7.

2. Preis für Urlaubsbilder
3. Preis je Bild
4. Filmpreis: 4 €
   Entwicklung: 3 €
   Anzahl der Bilder: 36
   Preis pro Abzug: 30 ct

Zerlegen in Teilaufgaben

1.

a) 250 Eier · 12 = 3000 Eier

b) 300 Eier · 15 = 4500 Eier

c) 3000 Eier + 4500 Eier = 7500 Eier

2.

a); b) Malergeselle / 8 Stunden / 33 € → 33 € · 8 = 264 €
Lehrling 5 Stunden / 18 € → 18 € · 5 = 90 €
Gesamtkosten: 264 € + 90 € = 354 €

3.

a) 8 Softbälle für 15 € pro Stück → 15 € · 8 = 120 €

b) 4 Fußbälle für 32 € pro Stück → 32 € · 4 = 128 €

c) 2 Medizinbälle für 60 € das Stück → 60 € · 2 = 120 €

d) € zusammen → 120 € + 128 € + 120 € = 368 €

4.

a) 3 Tulpen / 1 Tulpe 80 ct → 80 ct · 3 = 240 ct = 2,40 €

b) 4 Narzissen / 1 Narzisse 60 ct → 60 ct · 4 = 240 ct = 2,40 €

c) 2 Lilien / 1 Lilie 1,50 € → 1,50 € · 2 = 3,00 €

d) insgesamt → 2,40 € + 2,40 € + 3,00 € = 7,80 €

5.

a) 6-mal / 18 € → 18 € · 6 = 108 €

b) und 50 € → 108 € + 50 € = 158 €

c) fehlen an 200 € → 200 € – 158 € = 42 €

6.

a) 6 Raten / 1 Rate 2000 € → 6 · 2000 € = 12 000 €

b) und 5000 € → 12 000 € + 5000 € = 17 000 €

c) Rest → 18 000 € – 17 000 € = 1000 €

Von nun an fehlen die Unterstreichungen.

7.

a) 8 Tafeln / 125 g → 125 g · 8 = 1000 g

b) außerdem 500 g Kaffee → 1000 g + 500 g = 1500 g

c) 2 kg / fehlen noch → 2000 g – 1500 g = 500 g

8.

a) Typ A / 4500 Schrauben / 3 Maschinen → 4500 Schr. · 3 = 13 500 Schr.

b) Typ B / 3800 / 5 → 3800 Schr. · 5 = 19 000 Schr.

c) Typ C / 2500 / 2 → 2500 Schr. · 2 = 5000 Schr.

d) Gesamtproduktion:
13 500 Schr. + 19 000 Schr. + 5000 Schr. = 37 500 Schr.

9.

a) 45 Scheine / 50 €-Scheine → 45 · 50 € = 2250 €
b) 60 Scheine / 20 €-Scheine → 60 · 20 € = 1200 €
c) Zusammen → 2250 € + 1200 € = 3450 €
d) Rest → 4000 € – 3450 € = 550 €
e) 5 €-Scheine → 550 € : 5 € = 110, also 110 Scheine

10.

a) Typ A / 4500 Schrauben / 8 Maschinen → 4500 Schr. · 8 = 36 000 Schr.

b) Typ B / 3800 Schrauben / 11 Maschinen → 3800 · 11 = 41 800 Schr.

c) noch produziert werden:
100 000 Schr. – 36 000 Schr. – 41 800 Schr. = 22 200 Schr.

11.

a) 15 Kühe/jede Kuh/3100 l → 3100 l · 15 = 46 500 l

b) Ein l / 20 ct → 46 500 · 20 ct = 930 000 ct = 9300 €

12.

a) Jede Woche/375 Zeitungen/48 Wochen → 375 Zeitungen · 48 = 18 000 Zeitungen

b) pro Zeitung/8 Cent → 18 000 · 8 ct = 144 000 ct = 1440 €

13.

a) 6 Tennisbälle / eine Schachtel / 60 Schachteln → 6 T. · 60 = 360 T.

b) 4 Kisten → 360 T. · 4 = 1440 T.

14.

a) 8 · 15 € = 120 €

b) 200 € – 120 € = 80 €

c) 80 € : 4 = 20 €

15.

a) 12 Pakete zu je 20 kg → 20 kg · 12 = 240 kg

b) 1400 kg / Rest → 1400 kg – 240 kg = 1160 kg

c) 5 Pakete → 1160 kg : 5 = 232 kg

16.

a) 24 Fl. · 30 = 720 Fl.

b) 16 Fl. · 20 = 320 Fl.

c) 720 Fl. + 320 Fl. = 1040 Fl.

d) 1040 Fl. · 5 = 5200 Fl.

17.

a) 5 Kisten zu je 80 kg → 80 kg · 5 = 400 kg

b) 4 Kisten zu je 120 kg → 120 kg · 4 = 480 kg

c) und → 400 kg + 480 kg = 880 kg

d) 3 Container → 880 kg · 3 = 2640 kg

18.

a) 180 € / hinzu / 50 € → 180 € + 50 € = 230 €

b) 80 € / den Rest → 230 € – 80 € = 150 €

c) im Monat 30 € / In wie viel Monaten? → 150 € : 30 € = 5, also in 5 Monaten

19.

a) 1600 € / außerdem / 300 € → 1600 € + 300 € = 1900 €

b) Zuschuss von 400 € → 1900 € – 400 € = 1500 €

c) jeden Schüler / 25 Schüler → 1500 € : 25 = 60 €

Rechnen über die Einheit

1.

a) 45 km : 3 = 15 km

b) Wie viel km in 5 h? 15 km · 5 = 75 km

2.

für 20 € 4 m Stoff; 24 €

a) Wie viel m Stoff erhält sie für 1 €? 4 m : 20 = 0,20 m

b) Wie viel m Stoff erhält sie für 24 €? 0,20 m · 24 = 4,80 m

3.

3 l Motorenöl / 12 €; 5 l

a) Wie viel kostet 1 l? 12 € : 3 = 4 €

b) Wie viel kosten 5 l? 4 € · 5 = 20 €

4.

8 kg / 4 €; 3 €

a) Wie viel kg bekommt man für 1 €? 8 kg : 4 = 2 kg

b) Wie viel kg bekommt man für 3 €? 2 kg · 3 = 6 kg

5.

5 Filzst. / 2,50 €; 12 Filzst.

a) 2,50 € : 5 = 0,50 € b) 0,50 € · 12 = 6 €

6.

4 Stunden 3200 km; 6 Stunden

a) 3200 km : 4 = 800 km b) 800 km · 6 = 4800 km

7.

5 Stunden 2000 l; 8 Stunden

a) 2000 l : 5 = 400 l b) 400 l · 8 = 3200 l

Eine Zeichnung kann helfen

1.

a)

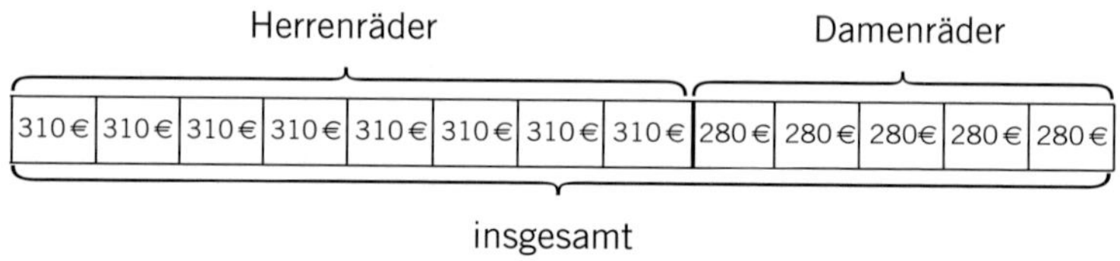

b) 310 € · 8 = 2480 €; 280 € · 5 = 1400 €
2480 € + 1400 € = <u>3880 €</u>

2.

a)

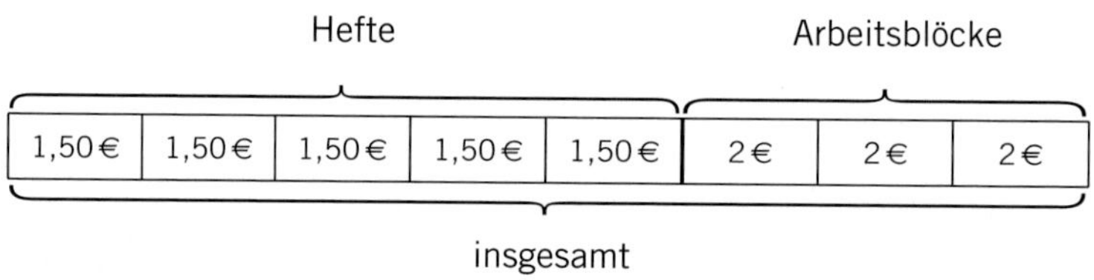

b) 1,50 € · 5 = 7,50 €; 2 € · 3 = 6 €;
7,50 € + 6 € = <u>13,50 €</u>

3.

a)

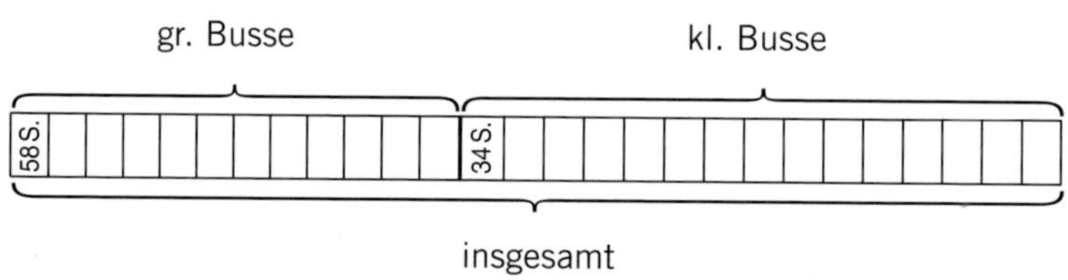

b) 58 S. · 12 = 696 S.; 34 S. · 15 = 510 S.
696 S. + 510 S. = 1206 S., also <u>1206 Fans</u>

Im Folgenden ist das Streifenbild nicht vollständig ausgefüllt.
Die sich wiederholenden Angaben sind nur einmal aufgeführt.
Du kannst ebenso vorgehen!

4.

a)

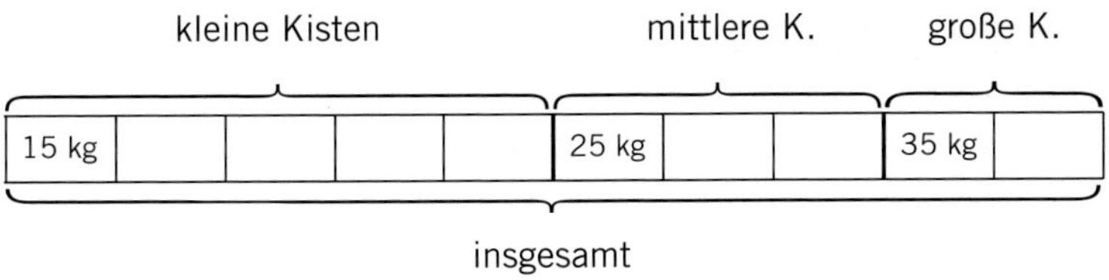

b) 15 kg · 5 = 75 kg;   25 kg · 3 = 75 kg;   35 kg · 2 = 70 kg;
75 kg + 75 kg + 70 kg = 220 kg

5.

a)

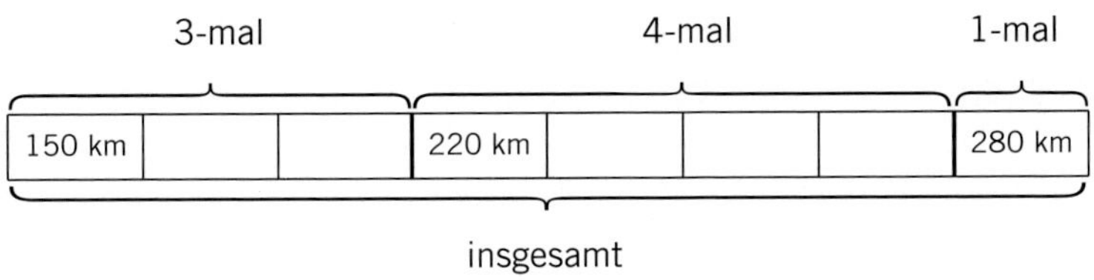

b) 150 km · 3 = 450 km;   220 km · 4 = 880 km;
450 km + 880 km + 280 km = 1610 km

6.

a)

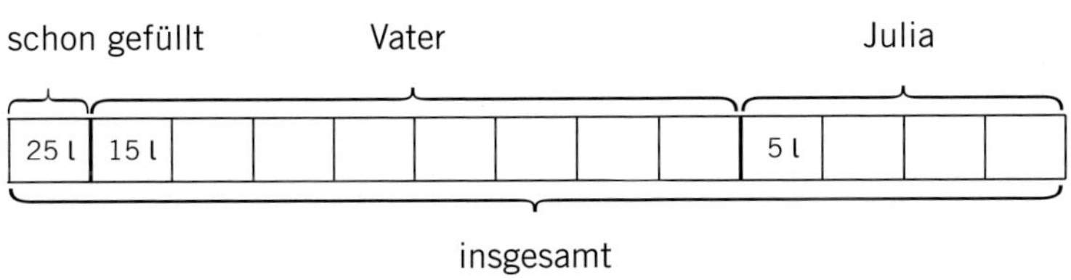

b) 15 l · 8 = 120 l;   5 l · 4 = 20 l;   25 l + 120 l + 20 l = 165 l

7.

a)

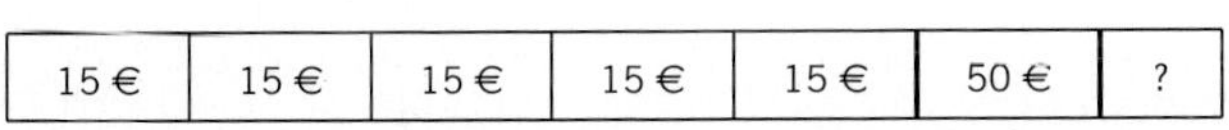

b) 15 € · 5 = 75 €;   75 € + 50 € = 125 €;
150 € – 125 € = 25 €

8.

a)

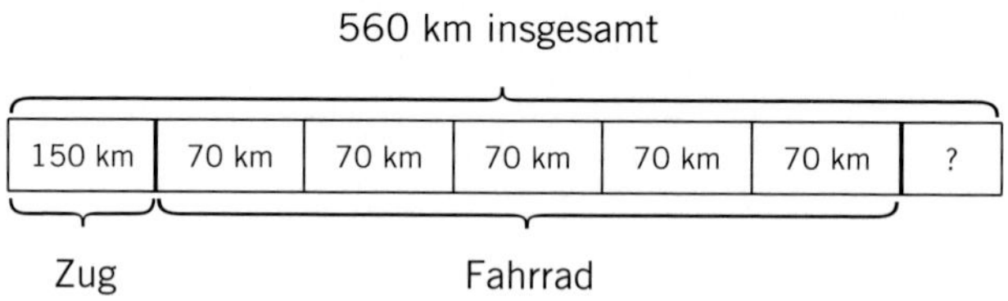

b) 70 km · 5 = 350 km; 150 km + 350 km = 500 km;
560 km – 500 km = <u>60 km</u>

9.

a)

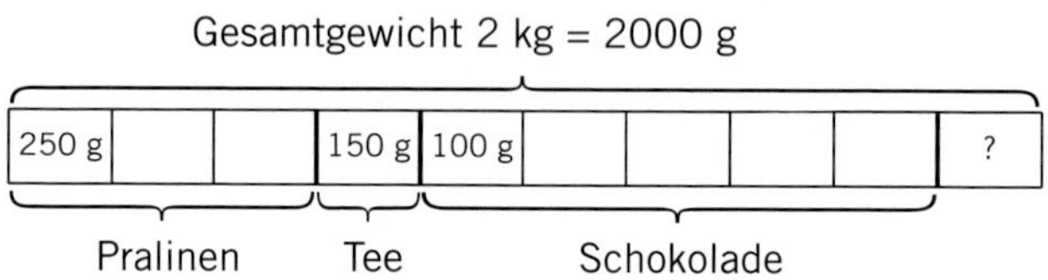

b) 250 g · 3 = 750 g; 100 g · 5 = 500 g;
750 g + 500 g + 150 g = 1400 g; 2000 g – 1400 g = <u>600 g</u>

10.

a)

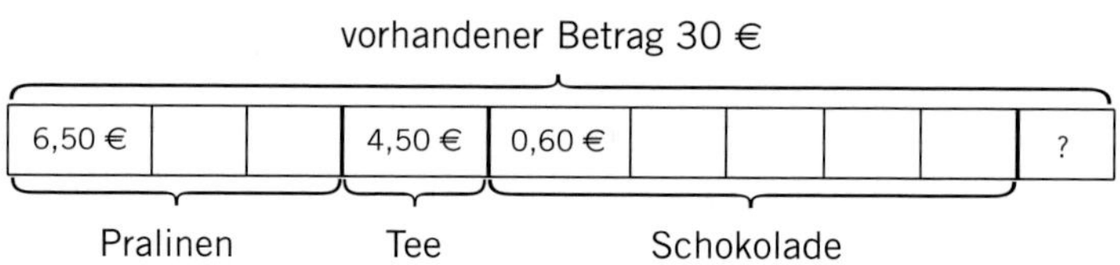

b) 6,50 € · 3 = 19,50 €; 0,60 € · 5 = 3,00 €;
19,50 € + 3,00 € + 4,50 € = 27 €; 30 € – 27 € = <u>3 €</u>

11.

a)

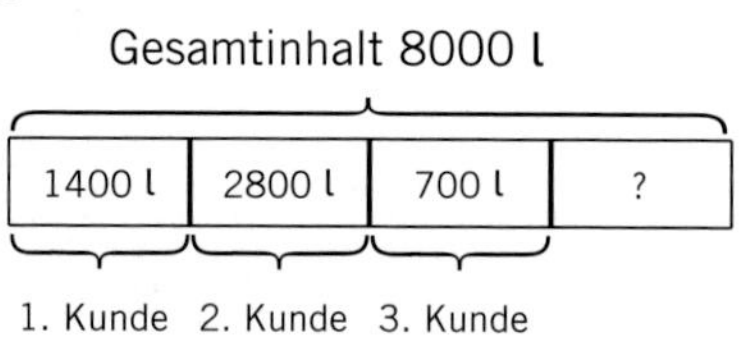

b) 1400 l + 2800 l + 700 l = 4900 l; 8000 l – 4900 l = <u>3100 l</u>

12.

a) Gesamtrohrlänge 3 m = 300 cm

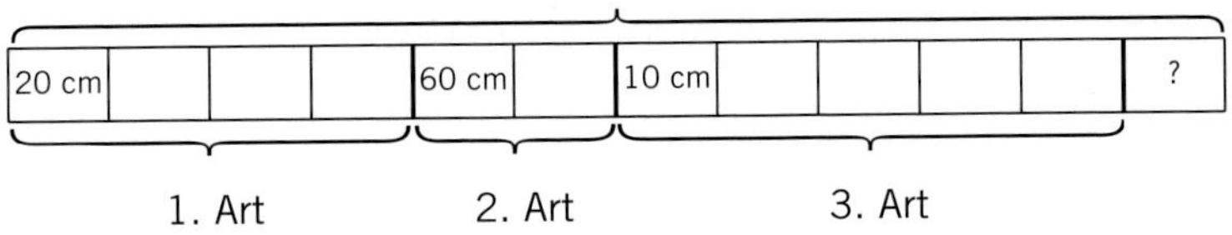

b) 20 cm · 4 = 80 cm; 60 cm · 2 = 120 cm; 10 cm · 5 = 50 cm;
80 cm + 120 cm + 50 cm = 250 cm; 300 cm – 250 cm = <u>50 cm</u>

13.

Laura spart für ein Fahrrad, das 250 € kosten soll. Sie besitzt schon 100 €. Von ihrem Taschengeld will sie dreimal 20 € zurücklegen. Ihre Oma schenkt ihr 50 €. Wie viel € fehlen ihr noch?

14.

Stephan kauft sich für seine Eisenbahn 4 Schienen zu je 25 €, 2 Weichen zu je 35 € und 3 Güterwagen zu je 45 €. Wie viel € muss er bezahlen?

15.

a) Segeltörn 150 €

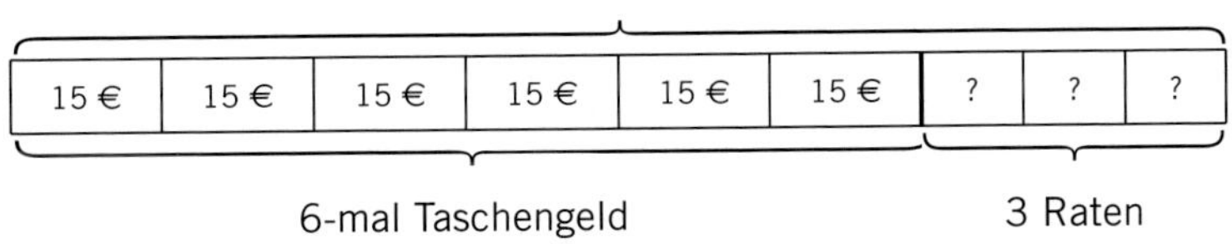

b) 15 € · 6 = 90 €; 150 € – 90 € = 60 €;
60 € : 3 = <u>20 €</u>

16.

a) Wanderung 160 km

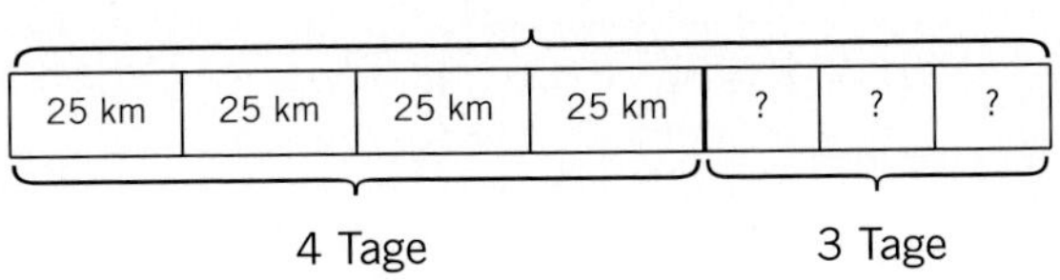

b) 25 km · 4 = 100 km; 160 km – 100 km = 60 km;
60 km : 3 = <u>20 km</u>

17.

a)

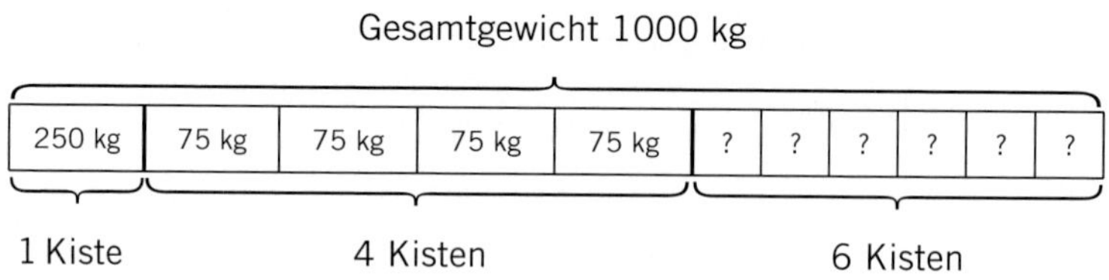

b) 75 kg · 4 = 300 kg; 250 kg + 300 kg = 550 kg;
1000 kg – 550 kg = 450 kg; 450 kg : 6 = 75 kg

18.

a)

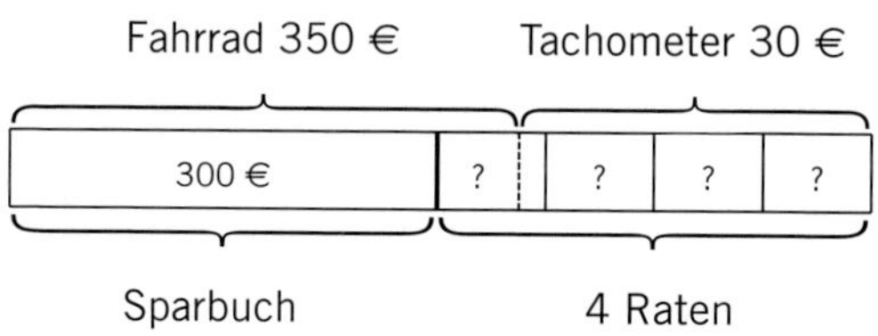

b) 350 € + 30 € = 380 €; 380 € – 300 € = 80 €;
80 € : 4 = 20 €

19.

a)

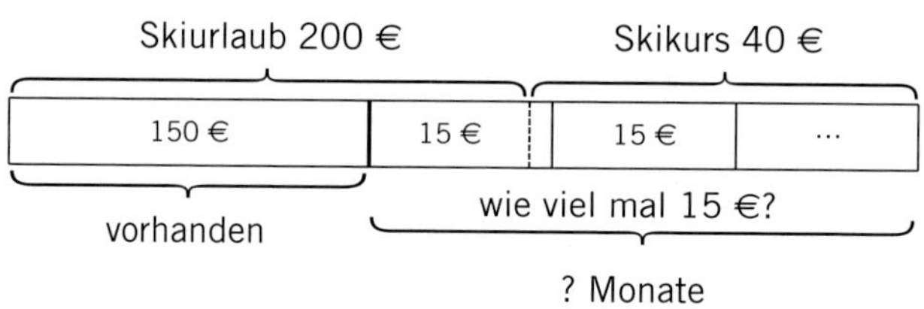

b) 200 € + 40 € = 240 €; 240 € – 150 € = 90 €;
90 € : 15 € = 6; also 6 Monate

20.

a)

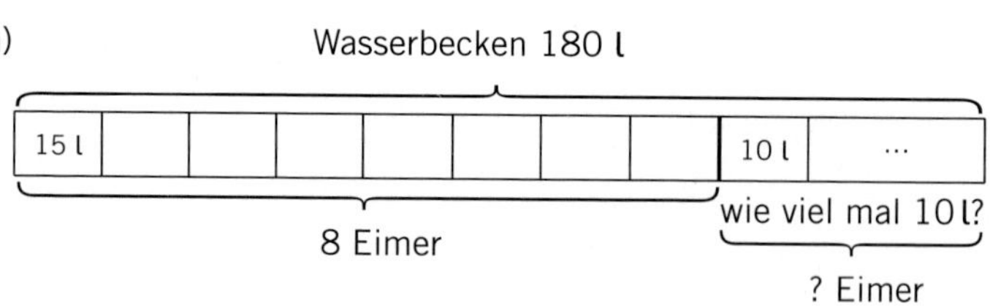

b) 15 l · 8 = 120 l; 180 l – 120 l = 60 l; 60 l : 10 l = 6;
also 6 Eimerfüllungen

21.

a)

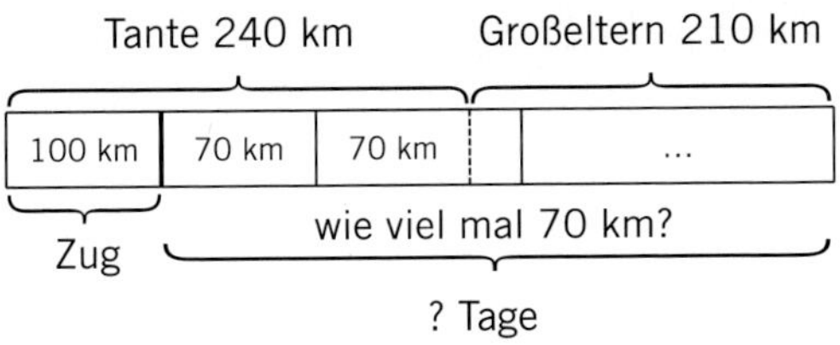

b) 240 km + 210 km = 450 km; 450 km – 100 km = 350 km;
350 km : 70 km = 5; also 5 Tage

22.

a)

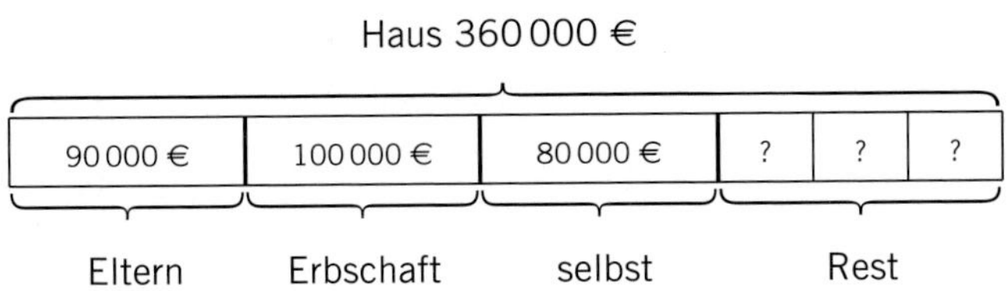

b) 360 000 € : 4 = 90 000 € (ein Viertel der Summe);
90 000 € + 100 000 € + 80 000 € = 270 000 €;
360 000 € – 270 000 € = 90 000 €;
90 000 : 3 = 30 000 €

23.

a)

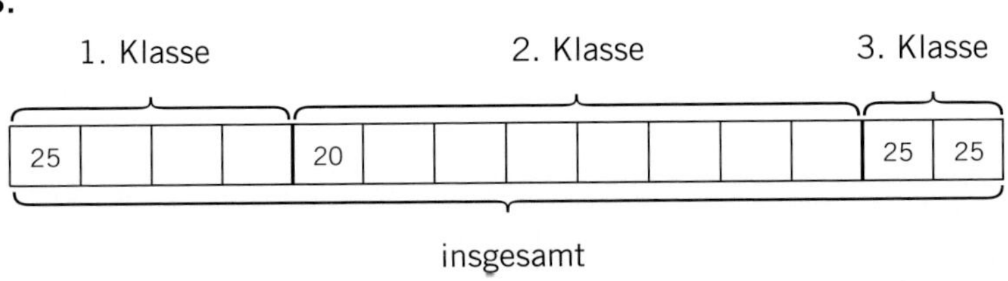

b) $25 \cdot 4 = 100$; $20 \cdot 8 = 160$; $25 \cdot 2 = 50$; $100 + 160 + 50 = 310$

24.

a)

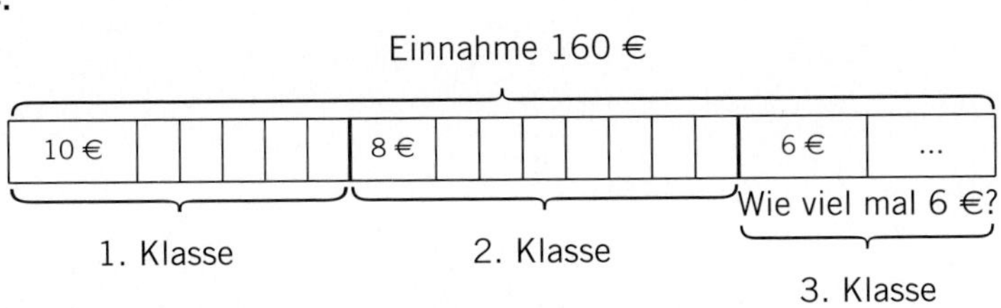

b) 10 € · 6 = 60 €; 8 € · 8 = 64 €;
60 € + 64 € = 124 €; 160 € – 124 € = 36 €;
36 € : 6 € = 6; also 6 Personen

25.

Die Zeichnung ist zu unübersichtlich. Hier kannst du dir durch Unterstreichen einen besseren Überblick verschaffen.

4 Tennisbälle / 6 Dosen: 4 T. · 6 = 24 T.
5 Kisten: 24 T. · 5 = 120 T.

26.

Auch hier ist Unterstreichen besser geeignet!

4 kg / 34 € → Wie viel kostet 1 kg?: 34 €: 4 = 8,50 €
6 kg: 8,50 € · 6 = 51 €

27.

Löse so:
24 € / 3 m → Wie viel kostet 1 m?: 24 €: 3 = 8 €
32 € → ? m: 32 €: 8 €= 4; also 4 m

Unterstreichen oder Zeichnen

1.

a) 4500 Sch. · 3 = 13 500 Sch.; 5000 Sch. · 4 = 20 000 Sch.;
13 500 Sch. + 20 000 Sch. = 33 500 Sch.

b)

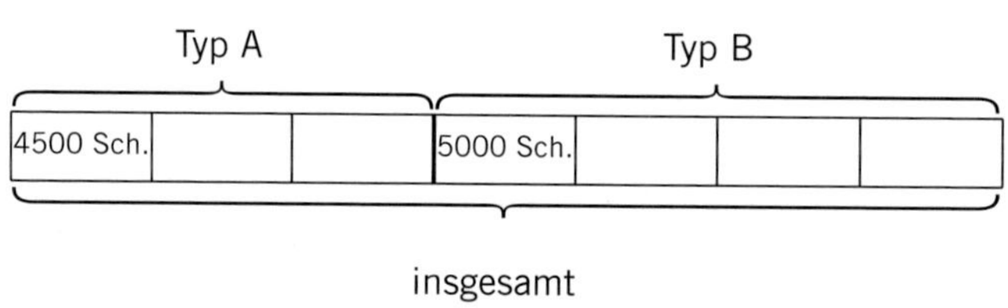

2.

a) 3 Tagen / 45 km
2 Tagen / 55 km
und
400 km / fehlen noch

b) 45 km · 3 = 135 km
55 km · 2 = 110 km
135 km + 110 km = 245 km
400 km – 245 km = 155 km

c)

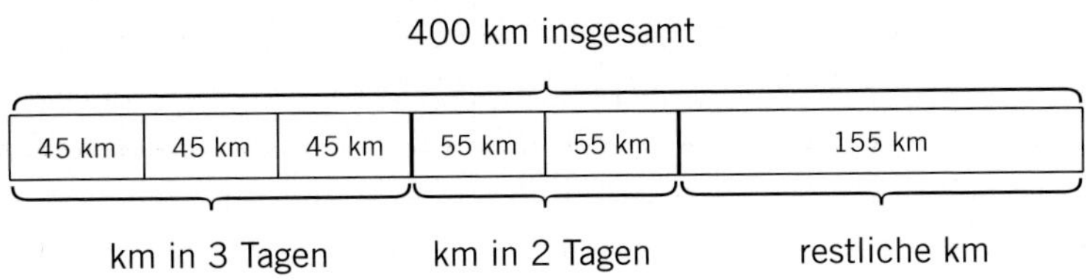

3.

35,50 € · 3 = 106,50 €
47 € · 4 = 188 €
106,50 € + 188 € + 48 € = 342,50 €
500 € – 342,50 € = 157,50 €

4.

Kleid: 140 € : 2 = 70 €
Strümpfe: 13,50 € : 2 = 6,75 €
Bluse: 125 € : 2 = 62,50 €
6,75 € · 3 = 20,25 €
70 € + 20,25 € + 62,50 € = 152,75 €
500 € – 152,75 € = 347,25 €

5.

140 Pl. + 70 Pl. = 210 Pl.
270 Pl. – 210 Pl. = 60 Pl.
60 Pl. : 12 Pl. = 5; also 5 Pakete

6.

12 Pfl. · 8 = 96 Pfl.

10 Pfl. · 6 = 60 Pfl.

96 Pfl. + 60 Pfl. = 156 Pfl.

300 Pfl. – 156 Pfl. = 144 Pfl.

144 Pfl. : 8 Pfl. = 18; also 18 Paletten

7.

2000 B. + 2 · 2500 B. + 3000 B. = 10 000 B.

16 000 B. – 10 000 B. = 6000 B.

6000 B. : 3 = 2000 B.; also 2000 Besucher täglich

8.

4 Sch. · 5 + 6 Sch. · 3 + 8 Sch. · 4 = 20 Sch. + 18 Sch. + 32 Sch. = 70 Sch.

9.

120 € · 20 + 80 € · 5 = 2400 € + 400 € = 2800 €

2800 € · 7 = 19 600 €

10.

50 € + 20 € = 70 €

120 € – 70 € = 50 €

50 € : 4 = 12,50 €

11.

44 € + 3 · 20 € = 104 €

200 € – 104 € = 96 €

96 € : 12 € = 8; also 8 Schienen

12.

kleine Kiste enthält: 120 P. : 2 = 60 P.

Anzahl der kl. Kisten: 3 · 20 K. = 60 K.

insgesamt: 120 P. · 20 + 60 P. · 60 = 2400 P. + 3600 P. = 6000 P.

13.

43,50 € : 3 = 14,50 €

14,50 € · 5 = 72,50 €

Tabellen als Lösungshilfen

1.

	1 Rolle Tapete	1 Dose Farbe	1 Packung Tapetenkl.
Baumarkt	3,29 €	6,49 €	2,39 €
Farbengeschäft	3,50 €	6,29 €	2,95 €

b) Baumarkt: 4 · 3,29 € + 3 · 6,49 € + 2 · 2,39 € = 37,41 €
Farbengeschäft: 4 · 3,50 € + 3 · 6,29 € + 2 · 2,95 € = 38,77 €

c) Am günstigsten kauft man im Baumarkt ein.

2.

a)

	1 kg Apfelsinen	1 kg Mandarinen	1 kg Äpfel
Wochenmarkt	1,70 €	1,40 €	1,50 €
Supermarkt	1,80 €	1,30 €	1,60 €

b) Wochenmarkt: 15,70 €; Supermarkt: 16,10 €

c) Auf dem Wochenmarkt ist das Obst billiger.

3.

a)

	1 Mixgetränk	1 Eisbein	1 Salat
Grüner Kranz	2,00 €	11,50 €	4,50 €
Goldener Adler	1,60 €	11,80 €	4,80 €

b) Grüner Kranz: 58 €; Goldener Adler: 57,80 €

c) Im „Goldenen Adler“ isst man günstiger.

4.

	1 Spiel 2,50 €	1 Kassette 1,50 €	1 Stofftier 0,50 €
Julia	4	2	3
Kilian	5	3	

1

Julia: 14,50 €; Kilian: 17,50 €

5.

a)/c)

	Dreierreihen	3	6	9	12	15	18	21
1)	Dreierreihen mit 2 übrig	5	8	11	14	17	20	23
	Viererreihen	4	8	12	16	20	24	28
2)	Viererreihen mit 3 übrig	7	11	15	19	23	27	31

b) 11

c) 23

d) Es können 11 oder 23 Schüler in der Klasse sein, denn diese Zahlen tauchen doppelt auf.

6.

a)

teilbar durch 5	5	10	15	20	25	30	35	40
mit Rest 2	7	12	17	22	27	32	37	42
teilbar durch 6	6	12	18	24	30	36	42	48
mit Rest 1	7	13	19	25	31	37	43	49

b) 37 ist eine gesuchte Zahl.

7.

a) – c)

Uhrzeit	9	10	11	12	13	14	15	16	17
Besucher	100	100	100	50					
		100	100	100	50				
			100	100	100	50			
				100	100	100	50		
					100	100	100	50	
						100	100	100	50
insgesamt	100	200	300	350	350	350			

Um 9 Uhr sind 100 Besucher da, um 10 Uhr 200, um 11 Uhr 300, um 12 Uhr 350, um 13 Uhr 350 und um 14 Uhr ebenfalls 350.

8.

Uhrzeit	9	10	11	12	13	14	15	16
Besucher	400	400	200					
		400	400	200				
			400	400	200			
				400	400	200		
					400	400	200	
						400	400	200
insgesamt	400	800	1000	1000	1000	1000		

9.

Woche	1.	2.	3.	4.	5.	6.	7.	8.
Urlauber	300	300	100					
		300	300	100				
			300	300	100			
				300	300	100		
					300	300	100	
						300	300	100
insgesamt	300	600	700	700	700	700		

10.

insgesamt: 1. Woche: 500 Urlauber; 2. Woche: 1000 Urlauber;
3. Woche: 1100 Urlauber; 4. Woche: 1100 Urlauber;
5. Woche: 1100 Urlauber; 6. Woche: 1100 Urlauber

11.

a)

Mo.	Di.	Mi.	Do.	Fr.	Sa.	So.
65 km	75 km	75 km	75 km	75 km	?	?

b) $65\text{ km} + 4 \cdot 75\text{ km} = 365\text{ km}$
$500\text{ km} - 365\text{ km} = 135\text{ km}$

c) $135\text{ km} : 2 = \underline{\underline{67{,}5\text{ km}}}$
Sie müssen durchschnittlich 67,5 km zurücklegen.

12.

a)

Mo.	Di.	Mi.	Do.	Fr.	Sa	So.
150 l	150 l	150 l	130 l	?	?	?

b) $3 \cdot 150\,l + 130\,l = 580\,l$

$1000\,l - 580\,l = 420\,l$

c) $420\,l : 3 = \underline{\underline{140\,l}}$

Im Folgenden haben wir aus Platzgründen die Tabellen eingespart.

13.

b) $35\,l + 2 \cdot 42\,l + 46\,l = 165\,l$

$300\,l - 165\,l = 135\,l$

c) $135\,l : 3 = \underline{\underline{45\,l}}$

14.

$42\,l + 2 \cdot 39\,l + 3 \cdot 45\,l + 25\,l = 280\,l$

$280\,l : 7 = \underline{\underline{40\,l}}$

15.

10 € + 4 ·20 € + 30 € + 3 · 15 € + 3 · 25 € = 240 €;

240 € : 12 = $\underline{\underline{\text{20 €}}}$

16.

4 · 15 € + 40 € + 5 · 20 € = 200 €

250 € – 200 € = 50 €; 50 € : 2 = $\underline{\underline{\text{25 €}}}$

17.

a) 1 kg kostet 1,50 €

b) 5 kg kosten 7,50 €

18.

Für 1 € erhält man 0,500 kg.

Für 6 € erhält man 3 kg.

19.

$:3$ $\cdot 4$

3 m	1 m	4 m
48 €	16 €	64 €

$:3$ $\cdot 4$

20.

$:3$ $\cdot 24$

3 €	1 €	24 €
24 m	8 m	192 m

$:3$ $\cdot 24$

21.

In 1 h → 560 l : 8 = 70 l

In 10 h → 70 l · 10 = 700 l

22.

Mit 1 l → 120 km : 6 = 20 km

Mit 8 l → 20 km · 8 = 160 km

Aufgaben ohne vorgegebene Lösungshilfe

1. a)

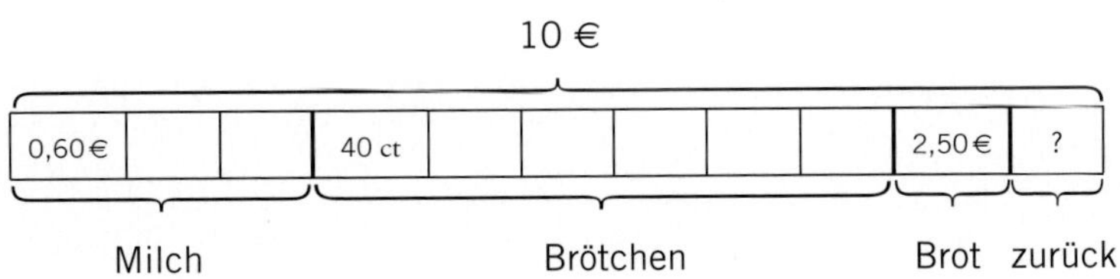

b) 3 l / zu je 0,60 € → 0,60 € · 3 = 1,80 €

6 Brötchen für je 40 ct → 40 ct · 6 = 240 ct = 2,40 €

und 2,50 € → 1,80 € + 2,40 € + 2,50 € = 6,70 €

10 € / erhält zurück → 10 € – 6,70 € = 3,30 €

2.

a)

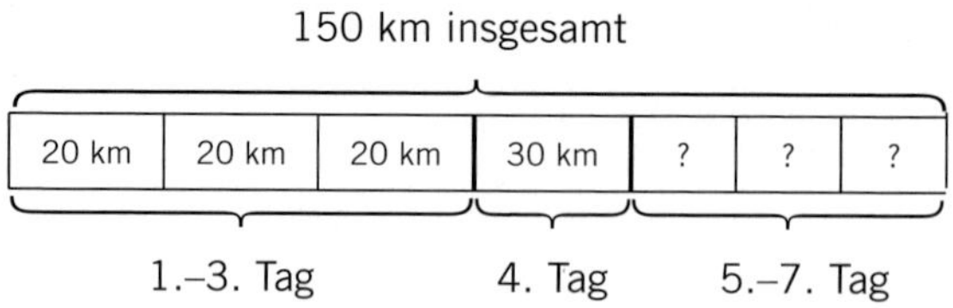

b)

1. Tag	2. Tag	3. Tag	4. Tag	5. Tag	6. Tag	7. Tag
20 km	20 km	20 km	30 km	?	?	?

c) drei Tage / jeweils 20 km: $3 \cdot 20$ km = 60 km
30 km: 60 km + 30 km = 90 km
150 km: 150 km – 90 km = 60 km
jeweils: 60 km : 3 = 20 km

3.

a)

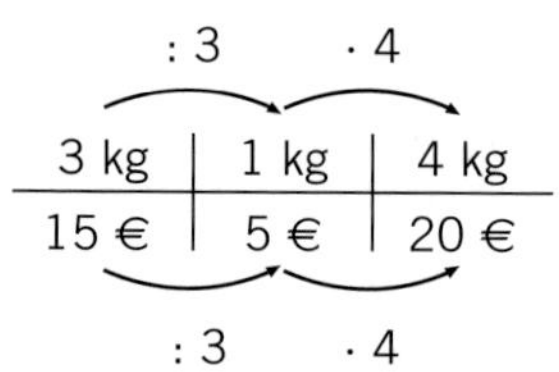

b) 3 kg / 15 € → 1 kg kostet 15 € : 3 = 5 €
4 kg kosten: 5 € · 4 = 20 €

4.

80 P. · 6 + 60 P. · 10 = 1080 P.

5.

25 P. + 45 P. = 70 P.; 320 P. – 70 P. = 250 P.
250 P. : 50 P. = 5; also fünfmal

6.

Berg- und Talfahrt: 600 Personen
nur Bergfahrt: 1200 P. : 3 = 400 P.
nur Talfahrt: 1200 P. – 600 P. – 400 P. = 200 P.
Gesamteinnahme: 10 € · 600 + 8 € · 400 + 5 € · 200 =
= 10 200 €

7.

1 m kostet: 75 € : 3 = 25 €

4 m kosten: 25 € · 4 = 100 €

8.

1. Woche: 600 Urlauber;	2. Woche: 1200 Urlauber;
3. Woche: 1400 Urlauber;	4. Woche: 1400 Urlauber;
5. Woche: 1400 Urlauber;	6. Woche: 1400 Urlauber

Kontrolle und Antwortsatz

1.

a) Kontrolle:

130 Fl. – 80 Fl. = 50 Fl.

80 Fl. : 8 = 10 Fl.

50 Fl. : 5 = 10 Fl.

Hier müssten 12 Flaschen herauskommen; also steckt in der Rechnung ein Fehler.

Richtige Rechnung:

12 Fl. · 5 = 60 Fl.

10 Fl. · 8 = 80 Fl.

60 Fl. + 80 Fl. = 140 Fl.

b) Kontrolle:

6 € · 4 = 24 €

24 € + 96 € = 120 €

Hier müsste es 160 € heißen, an dieser Stelle wurde also falsch gerechnet.

Richtige Rechnung:

12 € · 8 = 96 €

160 € – 96 € = 64 €

64 € : 4 = 16 €

c) Kontrolle:

5 B. + 195 B. = 200 B.

195 B. – 125 B. = 70 B.

Es müssen aber 60 Bälle sein, also steckt hier ein Fehler.

Richtige Rechnung:

15 B. · 4 = 60 B.

25 B. · 5 = 125 B.

60 B. + 125 B. = 185 B.

200 B. – 185 B. = 15 B.

2.

3. Gesamteinnahme einer Woche
4. Erwachsenenkarte: 8 €
   Schülerkarte: 6 €
   täglich verkaufte Erwachsenenkarten: 250
   täglich verkaufte Schülerkarten: 150

6. Erwachsene: 8 € · 250 = 2000 €;
   Schüler: 6 € · 150 = 900 €
   täglich: 2000 € + 900 € = 2900 €;
   in einer Woche: 2900 € · 7 = 20 300 €

7. 20 300 € : 7 = 2900 €;
   2900 € – 900 € = 2000 €
   900 € : 150 = 6 €; 2000 € : 250 = 8 €

8. Die Gesamteinnahme des Kinos beträgt in der Woche 20 300 €.

3.

2. Einkauf für Urlaub

3. zurückerhaltenes Geld

4. 3 Paar Badelatschen zu je 15 €
   2 Strandtaschen zu je 12,50 €
   5 Rätselhefte zu je 1,80 €
   Bezahlt wird mit 100 €

5.

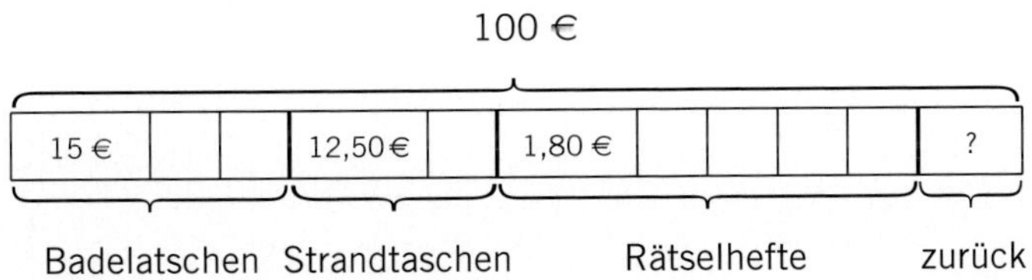

6. Badel.: 3 · 15 € = 45 €;
   Strandt.: 2 · 12,50 € = 25 €
   Rätselh.: 5 · 1,80 € = 9 €;
   insgesamt: 45 € + 25 € + 9 € = 79 €
   Geld zurück: 100 € – 79 € = 21 €

7. 21 € + 79 € = 100 €;
   79 € – 9 € – 25 € – 45 € = 0 €
   9 € : 1,80 € = 5; 25 € : 12,50 € = 2; 45 € : 15 € = 3

8. Mutter erhält 21 € zurück.

Von den folgenden Aufgaben geben wir nur noch den Lösungsweg und das Ergebnis an.

4.

6. 170 km + 2 · 150 km + 2 · 200 km = 870 km;
   von Mo bis Fr sind es 5 Tg. → 870 km : 5 = 174 km
8. Onkel Rudi fährt am Tag durchschnittlich 174 km.

Jetzt kannst du alleine rechnen

1.

3 · 120 kg = 360 kg; 5 · 100 kg = 500 kg; 360 kg + 500 kg = 860 kg
1000 kg – 860 kg = 140 kg; 140 kg : 70 kg = 2; also 2 Kisten
Es können noch 2 Kisten mit je 70 kg verladen werden.

2.

1,05 € · 35 = 36,75 €; 4,50 € · 2 = 9 €;
36,75 € + 9 € = 45,75 €
100 € – 45,75 € = 54,25 €; Herr Huber erhält 54,25 € zurück.

3.

Supermarkt:
8,70 € · 3 + 14,20 € · 2 + 18,20 € · 4 = 127,30 €
Verbrauchermarkt:
7,90 € · 3 + 14,50 € · 2 + 18,50 € · 4 = 126,70 €
Im Verbrauchermarkt kauft man günstiger ein.

4.

Für 20 € erhält man 24 l
Für 1 € erhält man 24 l : 20 = 1,2 l
Für 30 € erhält man 1,2 l · 30 = 36 l

5.

großer Karton enthält: 30 Radiergummis

kleiner Karton enthält: 30 Radiergummis : 3 = 10 Radiergummis

Anzahl großer Kartons: 12

Anzahl kleiner Kartons: $12 \cdot 2 = 24$

Gesamtzahl der Radiergummis:

30 Radiergummis · 12 + 10 Radiergummis · 24 = 600 Radiergummis

Es wurden 600 Radiergummis verpackt.

4 Textaufgaben mit Zeitangaben

Stunden – Minuten – Sekunden

1.

a) 240 min; 420 min; 720 min; 1200 min; 480 min; 1800 min

b) 180 s; 1200 s; 600 s; 480 s; 2400 s; 420 s

c) 6 min; 10 min; 2 min; 7 min; 30 min; 40 min

d) 4 h; 2 h; 7 h; 10 h; 20 h; 1 h

2.

a)

Stunden	Minuten
$\frac{1}{4}$ h	15 min
$\frac{3}{4}$ h	45 min
$2\frac{1}{2}$ h	150 min
$3\frac{3}{4}$ h	225 min

b)

Minuten	Sekunden
$1\frac{1}{4}$ min	75 s
$3\frac{1}{2}$ min	210 s
$4\frac{3}{4}$ min	285 s
$5\frac{1}{2}$ min	330 s

c)

Stunden	Minuten
$7\frac{1}{4}$ h	435 min
$10\frac{3}{4}$ h	645 min
$4\frac{1}{2}$ h	270 min
$8\frac{3}{4}$ h	525 min

3.

a) 280 min
310 min
725 min

b) 220 s
608 s
565 s

4.

a) 2 min 30 s
4 min 20 s

b) 1 h 45 min
2 h 40 min

Rechnen mit Zeitspannen

1.

a) 6 h 10 min
6 h 12 min
4 h 24 min
8 h

b) 8 min 15 s
4 min 10 s
16 min 10 s
16 min 35 s

c) 3 h 45 min
1 h 40 min
55 min
2 h 30 min

d) 1 min 52 s
53 s
4 min 36 s
2 min 49 s

2.

a) 16 h 15 min
13 h
9 h 36 min
17 h

b) 7 min 12 s
48 min 30 s
7 min 10 s
4 min 48 s

c) 2 h 52 min
39 min
2 h 55 min
2 h 20 min

d) 2 min 48 s
34 s
57 s
5 min 47 s

3.

1 h 35 min + 1 h 40 min = 3 h 15 min
Henning hat insgesamt 3 h 15 min ferngesehen.

4.

3 h 10 min – 1 h 45 min = 1 h 25 min
Es sind dann noch 1 h 25 min auf dem Videoband frei.

5.

4 h 15 min : 3 = 1 h 25 min
Jede Sendung ist 1 h 25 min lang.

Zeitpunkte – Zeitspannen

1.

a) 10.20 Uhr; 11.15 Uhr; 12 Uhr; 14.15 Uhr

b) 13.22 Uhr; 14.52 Uhr; 17.02 Uhr; 19.57 Uhr

2.

a) Bei einer Uhr, die vorgeht, muss man „zurückrechnen“:
8 h 17 min – 38 min = 7 h 39 min → 7.39 Uhr
8.27 Uhr; 14.42 Uhr

b) Diese Uhr geht zu langsam, du musst daher die 43 min addieren.
11 h 57 min + 43 min = 12 h 40 min → 12.40 Uhr
20.18 Uhr; 22.29 Uhr

3.

12.13 Uhr; 12.58 Uhr; 13.28 Uhr

4.

13.03 Uhr; 18.26 Uhr; 00.23 Uhr; 1.15 Uhr

5.

a) 1 h 47 min b) 3 h 40 min

6.

a) 1. Januar: 8 h 25 min; 1. Juni: 16 h 29 min

b) Am 1. Juni ist die Sonne 4 h 14 min früher aufgegangen als am 1. Januar.
Am 1. Juni ist die Sonne 3 h 50 min später untergegangen als am 1. Januar.

7.

8.05 Uhr; 8.40 Uhr; 10.55 Uhr; 11.45 Uhr; 12.30 Uhr

8.

Arbeitsbeginn	7.15 Uhr	9.55 Uhr	12.50 Uhr	15.15 Uhr
Arbeitsende	9.10 Uhr	11.10 Uhr	15.00 Uhr	17.05 Uhr
Arbeitszeit	1 h 55 min	1 h 15 min	2 h 10 min	1 h 50 min

Tage – Wochen – Monate – Jahre

1.

a)

Tage	Stunden
	168 h
	240 h
2 d	

b)

Tage	Stunden
	6 h
	18 h
	60 h

c)

Wochen	Tage
	42 d
	70 d
2 Wch.	

2.

a)

Jahre	Monate
	60 Mon.
5 J.	
	120 Mon.

b)

Jahre	Monate
	3 Mon.
	9 Mon.
	18 Mon.

c)

Tage	Wochen
	11 Wch.
	20 Wch.
42 d	

3.

a) 74 h
164 h
172 h

b) 2 d 22 h
5 d 10 h
1 d 6 h

c) 31 d
51 d
76 d

d) 2 Wch. 6 d
12 Wch. 1 d
8 Wch. 4 d

e) 41 Mon.
85 Mon.
34 Mon.

f) 1 J. 8 Mon.
3 J. 9 Mon.
5 J. 10 Mon.

4.

5 Wch. 6 d + 2 Wch. 3 d = 8 Wch. 2 d
Es sind 8 Wch. 2 d Ferien.

5.

1 Wch. 3 d + 2 Wch. 4 d + 5 d = 4 Wch. 5 d
Er macht 4 Wch. 5 d Urlaub.

6.

6 Wch. – 2 Wch. 3 d – 1 Wch. 6 d = 1 Wch. 5 d
Es bleiben noch 1 Wch. 5 d Urlaub übrig.

7.

6 Wch. 3 d – 1 Wch. 6 d – 2 Wch. 3 d – 1 Wch. 1 d = 7 d

Es bleiben 7 Tage für die Markierungsarbeiten übrig.

8.

a) 23 Tage b) 17 Tage c) 11 Tage

d) 8 Tage e) 25 Tage f) 15 Tage

9.

a)

Jan.	Febr.	März	April	Mai	Juni	Juli	Aug.	Sept.	Okt.	Nov.	Dez.
31	28/29	31	30	31	30	31	31	30	31	30	31

b) 24 Tage 23 Tage
15 Tage 40 Tage
35 Tage 13 Tage

10.

a) 5 Tage + 18 Tage = 23 Tage dauert die Kur.

b) 18 + 5 = 23; Am 23. Juni kommt Frau Köhler zurück.

11.

3 Wochen = 21 Tage dauert der Urlaub.

1. Urlaubsbeginn 18. Juni: Im Juni werden 30 Tage – 18 Tage = 12 Tage;
12 Tage + 1 Tag = 13 Tage Urlaub gemacht.
Es bleiben 21 Tage – 13 Tage = 8 Tage im Juli.
Der Urlaub geht also am 8. Juli zu Ende.

2. Urlaubsbeginn 25. Juni: 30 – 25 = 5; 5 + 1 = 6; 21 – 6 = 15
Der Urlaub dauert bis zum 15. Juli.

Zeit und Geschwindigkeit

1.

a) 36 km/h b) 75 km/h c) 15 km/h d) 120 km/h

2.

a) in $\frac{1}{4}$ h → 5 km
in 1 h → 5 km · 4 = 20 km
also: 20 km/h Durchschnittsgeschwindigkeit

b) in $\frac{1}{2}$ h → 11 km
in 1 h → 11 km · 2 = 22 km
also: 22 km/h

c) Motorrad: 28 km · 4 = 112 km → 112 km/h
Auto: 55 km · 2 = 110 km → 110 km/h
Das Motorrad fuhr schneller!

3.

a) in 20 min → 60 km
in 1 min → 3 km
in 1 h → 180 km
also 180 km/h

b) 120 km/h c) 180 km/h d) 240 km/h

4.

in 1 h → 16 km

a) in 2 h → 16 km · 2 = 32 km b) 80 km

c) in $\frac{1}{2}$ h → 16 km : 2 = 8 km d) 4 km

e) in 1 h + $\frac{1}{2}$ h → 16 km + 8 km = 24 km f) 36 km

5.

a) 330 : 110 = 3; also 3 h b) 3 h c) 4 h d) 6 h

6.

a) für 20 km → 1 h
für 160 km → 160 : 20 = 8; also 8 h
Er ist 8 Stunden unterwegs.

b) in 2 h → 160 km
in 1 h → 160 km : 2 = 80 km; also 80 km/h
Es fährt 80 km/h.

5 Textaufgaben mit Flächen- und Rauminhaltsberechnungen

Flächeneinheiten

1.

a) 10 000 cm^2
100 dm^2
1 000 000 mm^2

b) 100 m^2
10 000 dm^2
1 000 000 cm^2

c) 1 000 000 m^2
10 000 m^2
100 m^2

2.

a) 170 000 cm^2
1 200 000 cm^2

b) 700 m^2
900 m^2
1500 m^2

c) 30 000 m^2
80 000 m^2
200 000 m^2

d) 12 m^2
5 m^2

e) 6 cm^2
8 cm^2
15 cm^2

f) 9 ha
80 ha
250 ha

3.

a) 5 cm^2 60 mm^2
15 a 15 m^2

b) 3 km^2 70 ha
15 m^2 8 dm^2
4 dm^2 60 cm^2

c) 37 cm^2 25 mm^2
4 dm^2 75 cm^2
7 a 10 m^2

d) 3 ha 52 a
73 km^2 1 ha
12 ha 43 a

4.

a) 72,25 km^2
8,17 m^2
1,75 dm^2
34,12 cm^2

b) 9,30 a
17,05 ha
22,15 m^2
6,01 dm^2

5.

a) 9 dm^2 8 cm^2
35 cm^2 30 mm^2
4 a 25 m^2

b) 93 dm^2 37 cm^2
5 m^2 3 dm^2
19 cm^2 21 mm^2
7 km^2 31 ha

6.

a) $512\ cm^2 + 1752\ cm^2 + 300\ cm^2 = 2564\ cm^2$

b) $1125\ dm^2$ c) $2650\ dm^2$ d) $2775\ dm^2$

e) 3157 a f) $6488\ m^2$

Flächenberechnungen

1.

a) $A = 60\ m^2$
$U = 34\ m$

b) $A = 315\ cm^2 = 3{,}15\ dm^2$
$U = 104\ cm$

c) $A = 175\ dm^2 = 1{,}75\ m^2$
$U = 80\ dm = 8\ m$

2.

$A = a \cdot a = a^2$
$U = a + a + a + a = 4a$

3.

a) $A = 144\ cm^2$
$U = 48\ cm$

b) $A = 8{,}75\ cm^2$
$U - 12\ cm$

c) $A = 14{,}44\ m^2$
$U = 15{,}20\ m$

d) $A = 180\ cm^2$
$U = 64{,}4\ cm$

4.

a) 1) $2700\ m^2 = 90\ m \cdot b$
$b = 2700\ m^2 : 90\ m$
$b = 30\ m$

2) $b = 23\ m$

3) $2940\ m^2 = a \cdot 70\ m$
$a = 2940\ m^2 : 70\ m$
$a = 42\ m$

4) $a = 24\ m$

b) 1) $U = 2\ a + 2\ b$
$U = 2 \cdot 90\ m + 2 \cdot 30\ m$
$\underline{\underline{U = 240\ m}}$

2) $U = 86\ m$
3) $U = 224\ m$
4) $U = 128\ m$

5.

a) $A = a \cdot b$

$1240\ m^2 = 40 \cdot b$

$b = 1240\ m^2 : 40\ m$

$\underline{\underline{b = 31\ m}}$

Die andere Seite ist 31 m lang.

b) $U = 2\ a + 2\ b$

$U = 2 \cdot 40m + 2 \cdot 31\ m$

$\underline{\underline{U = 142\ m}}$

Der Zaun wird 142 m lang.

6.

a) 1) $U = 2\ a + 2\ b$

$240\ m = 2 \cdot 50\ m + 2 \cdot b$

$2\ b = 240\ m - 100\ m = 140\ m$

$b = 140\ m : 2$

$\underline{\underline{b = 70\ m}}$

2) $b = 30\ m$

3) $360\ m = 2\ a + 2 \cdot 150\ m$

$2\ a = 360\ m - 300\ m = 60\ m$

$\underline{\underline{a = 30\ m}}$

4) $b = 240\ m$

b) 1) $A = a \cdot b$

$A = 50\ m \cdot 70\ m$

$A = 3500\ m^2$

2) $A = 2100\ m^2$

3) $A = 4500\ m^2$

4) $A = 96\,000\ m^2$

7.

a)

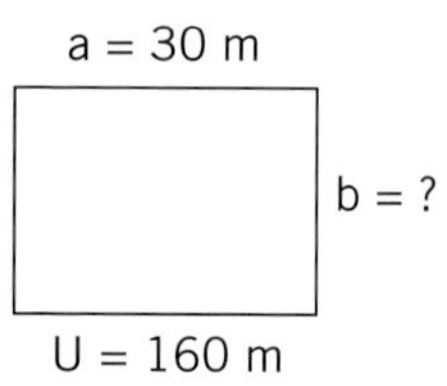

$U = 2\ a + 2\ b$

$160\ m = 2 \cdot 30\ m + 2 \cdot b$

$2\ b = 160\ m - 60\ m = 100\ m$

$\underline{\underline{b = 50\ m}}$

Die zweite Seite ist 50 m lang.

b) $A = a \cdot b$

$A = 30\ m \cdot 50\ m = 1500\ m^2$

c) $U = 160\ m$

$a = 25\ m$

$160\ m = 2 \cdot 25 + 2 \cdot b$

$2\ b = 110\ m$

$\underline{\underline{b = 55\ m}}$

Die andere Seite ist 55 m lang.

d) $A = 25\ m \cdot 55\ m$

$\underline{\underline{A = 1375\ m^2}}$

e)

b	50 m	55 m	60 m	40 m
A	$1500\ m^2$	$1375\ m^2$	$1200\ m^2$	$1600\ m^2$

f) Der größte Flächeninhalt gehört zur Seitenlänge $a = 40\ m$. Es ergibt sich ein Quadrat.

8.

a			80 dm		35 cm
b		14 m		15 cm	
A	735 m^2			300 cm^2	1400 cm^2
U	112 m	88 m	260 dm		

9.

a) U = 280 cm
b = 80 cm

280 cm = 2 a + 2 · 80 cm
2 a = 120 cm
$\underline{\underline{a = 60\text{ cm}}}$
Das Bild ist 60 cm lang.

b) A = 8400 cm^2
a = 120 cm

8400 cm^2 = 120 cm · b
$\underline{\underline{b = 70\text{ cm}}}$
Die andere Seite ist 70 cm lang.

Raumeinheiten

1.

a) 1000 cm^3
1000 mm^3
1000 dm^3

b) 1 l
1000 l
1000 ml

c) 1 ml
1000 ml
1 cm^3

2.

a) 12 000 dm^3
30 000 dm^3

b) 4000 l
15 000 l
40 000 l

c) 45 000 cm^3
7 l
150 000 cm^3

d) 6 dm^3
19 dm^3
8 l

e) 14 cm^3
3 cm^3
20 cm^3

f) 8 000 ml
12 000 ml
3 dm^3

3.

a) 19 dm^3 200 cm^3
8 dm^3 70 cm^3
5 cm^3 175 mm^3

b) 3 l 725 ml
4 m^3 500 dm^3
1 dm^3 750 cm^3
18 l 5 ml

4.

a) 8,155 m^3
16,050 dm^3
7,430 cm^3
3,012 l

b) 10,375 m^3
4,005 dm^3
14,030 l
6,145 cm^3

5.

a) 145 dm^3
12 m^3 50 dm^3
8 l 725 ml

b) 8 dm^3 210 cm^3
700 cm^3
35 cm^3 5 mm^3
750 mm^3

6.

a) 8150 dm^3 + 6750 dm^3 + 19000 dm^3 = 33900 dm^3
b) 4020 dm^3
c) 23455 cm^3
d) 3782 ml

Berechnen von Rauminhalten und Oberflächen

1.

a) $V = 120\ dm^3$; $O = 158\ dm^2$
b) $V = 216\ cm^3$; $O = 252\ cm^2$

2.

a) $a = 30\ dm$
$V = 1800\ dm^3 = 1{,}8\ m^3$
$O = 1140\ dm^2$

b) $a = 120\ cm$
$V = 24000\ cm^3 = 24\ dm^3$
$O = 8320\ cm^2$

3.

$V = a \cdot a \cdot a = a^3$; $O = 2a^2 + 2a^2 + 2a^2 = 6a^2$

4.

a) $V = 1728\ m^3$
$O = 864\ m^2$

b) $a = 35\ dm$
$V = 2100\ dm^3$
$O = 1310\ dm^2$

c) $c = 9\ cm$
$V = 432\ cm^3$
$O = 384\ cm^2$

d) $V = 42{,}875\ dm^3$
$O = 73{,}5\ dm^2$

5.

a) a = 12 dm
b = 6 dm
V = 360 dm³

$V = a \cdot b \cdot c$
$360\ dm^3 = 12\ dm \cdot 6\ dm \cdot c$
$360\ dm^3 : 72\ dm^2 = c$
$\underline{\underline{c = 5\ dm}}$

b) a = 9 dm
b = 5 dm
c = 6 dm

$V = 9\ dm \cdot 5\ dm \cdot 6\ dm$
$\underline{\underline{V = 270\ dm^3}}$

Nein, in Julias Aquarium passen nur 270 l Wasser.

6.

a)

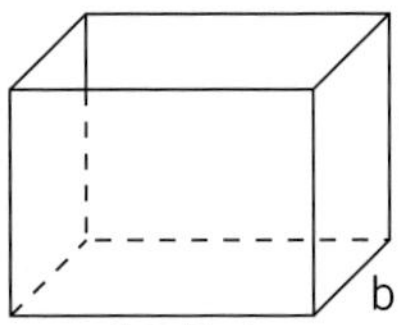

200 l = 200 dm³

$V = a \cdot b \cdot c$
$200\ dm^3 = 12{,}5\ dm \cdot 5\ dm \cdot c_1$
$c_1 = 200\ dm^3 : 100\ dm^2$
$c_1 = 2\ dm$
$c_2 = 3\ dm$
$c_3 = 4\ dm$

Die Angabe der Höhe des Aquariums ist überflüssig zur Berechnung der Wasserstände.

Henning muss seine Skala bei 2 dm, 3 dm und 4 dm anbringen.

b) $V = 12{,}5\ dm \cdot 8\ dm \cdot 6\ dm$
$V = 600\ dm^3 = 600\ l$

Es passen bei voller Füllung 600 l in das Aquarium.

7.

a					20 cm
b					
c		3 m		2 cm	
V	16 000 dm³ = 16 m³		1200 cm³		
O	7600 dm² = 76 m²	108 m²	896 cm²	532 cm²	800 cm²

Vermischte Aufgaben mit Lösungsplan 3

Beispiel: 6. Rechnung:

a) $A = 12{,}5\text{ m} \cdot 8\text{ m} + 2 \cdot 12{,}5\text{ m} \cdot 3\text{ m} + 2 \cdot 8\text{ m} \cdot 3\text{ m}$
$A = 223\text{ m}^2$

b) Preis: $223 \cdot 8\text{ €} = 1784\text{ €}$

7. $O = 323\text{ m}^2$
$A = 323\text{ m}^2 - 12{,}5\text{ m} \cdot 8\text{ m}$
$A = 223\text{ m}^2$
$1784\text{ €} : 223 = 8\text{ €}$

8. Der Anstrich kostet 1784 €.

1.

Lösungsgang wie im Beispiel!

6. Rechnung: $A = 25\text{ m} \cdot 10\text{ m} + 2 \cdot 25\text{ m} \cdot 2{,}50\text{ m} + 2 \cdot 10\text{ m} \cdot 2{,}50\text{ m}$
$A = 425\text{ m}^2$ Preis: $425 \cdot 30\text{ €} = 12750\text{ €}$

2.

2. Ein Quader aus Blech soll hergestellt werden.
3. Gesucht: Oberfläche des Quaders
4. Gegeben: s. Skizze
5. $O = 2 \cdot a \cdot b + 2 \cdot a \cdot c + 2 \cdot b \cdot c$
6. $O = 23{,}5\text{ m}^3$
8. Man benötigt $23{,}5\text{ m}^3$ Blech.

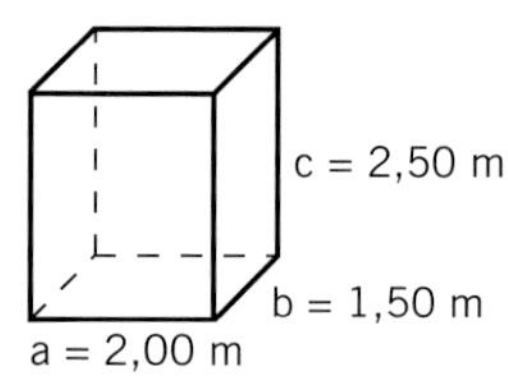

3.

3. Gesucht: Anzahl der Lkw-Ladungen
4. Gegeben: $a = 15\text{ m}$
1 Lkw fasst 6 m^3 Erde.
$b = 8\text{ m}$
$c = 2\text{ m}$
5. Lösungsweg: a) Volumen der Baugrube: $V = a \cdot b \cdot c$
b) Anzahl der Lkw-Ladungen: Volumen der Baugrube durch 6
6. Rechnung: $V = 240\text{ m}^3$
Anzahl der Lkw: $240 : 6 = 40$
7. Kontrolle: Volumen eines Lkw · Anzahl der Lkw = Volumen der Baugrube
$6\text{ m}^3 \cdot 40 = 240\text{ m}^3$
8. Antwort: Es sind 40 Lastwagenladungen nötig.

4.

5\. a) $O = 2 \cdot 15\ \text{dm} \cdot 8\ \text{dm} + 2 \cdot 15\ \text{dm} \cdot 5\ \text{dm} + 2 \cdot 8\ \text{dm} \cdot 5\ \text{dm}$

$O = 470\ \text{dm}^2 = 4{,}7\ \text{m}^2$

b) $4{,}7 \cdot 8\ € = 37{,}60\ €$. Die Kiste kostet 37,60 €.

5.

Gesucht: a

Gegeben: b;

$A = 1000\ \text{m}^2$

Rechnung: $a = 1000\ \text{m}^2 : 40\ \text{m}$

$a = 25\ \text{m}$

Das Grundstück ist 25 m lang.

6.

Gesucht: Länge der Seite b

Größe der Weidefläche A

Gegeben:

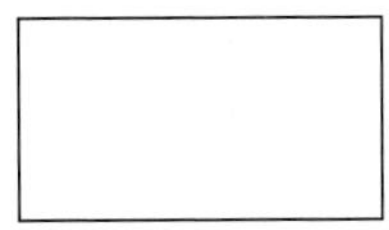

$a = 50\ \text{m}$

$U = 300\ \text{m}$

Rechnung: $U = 2\,a + 2\,b$

$2\,b = 300\ \text{m} - 2 \cdot 50\ \text{m} = 200\ \text{m}$

$b = 100\ \text{m}$

$A = 50\ \text{m} \cdot 100\ \text{m}$

$A = 5000\ \text{m}^2$

Die Weide ist $5000\ \text{m}^2$ groß.

7.

Beachte, das Schwimmbad soll nur bis zu einer Höhe von 2,50 m gefüllt werden. Daher ergibt sich das Volumen:

$V = 25\ \text{m} \cdot 10\ \text{m} \cdot 2{,}50\ \text{m}$

$V = 625\ \text{m}^3$

Eine Füllung kostet: $625 \cdot 3{,}50\ € = 2187{,}50\ €$.

8.

$V = 15\ \text{dm} \cdot 15\ \text{dm} \cdot 15\ \text{dm}$

$V = 3375\ \text{dm}^3$ Die Füllung kostet: $3375 \cdot 0{,}37\ € = 1248{,}75\ €$.

9.

$V = 4\ \text{m} \cdot 4\ \text{m} \cdot 5\ \text{m}$

$V = 80\ \text{m}^3$ Der Sockel wiegt $80 \cdot 2{,}8\ \text{t} = 224\ \text{t}$.

10.

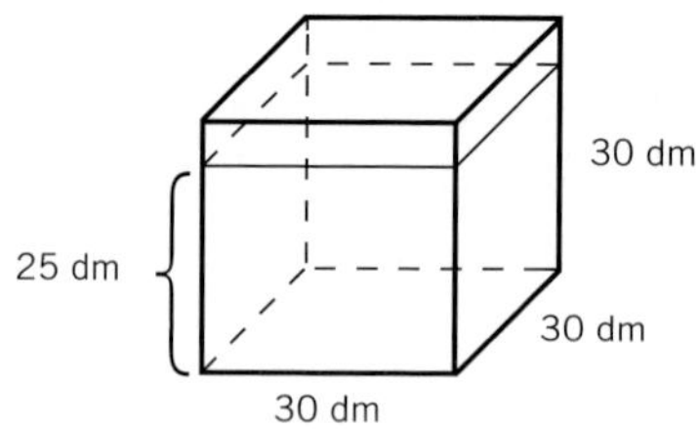

V = 25 dm · 30 dm · 30 dm

V = 22 500 dm³

Da 1 dm³ Wasser 1 kg wiegt, ergibt sich als Gesamtgewicht 22 500 kg.

11.

Gesucht: Länge der Seite c

Gegeben: a = 2,50 m = 25 dm
b = 8 dm
V = 1000 l = 1000 dm³

Rechnung: Grundschicht: 25 dm³ · 8 = 200 dm³
1000 dm³ : 200 dm³ = 5
c = 5 dm

Das Becken muss mindestens 5 dm hoch sein.

12.

Gesucht: Höhe der Erde

Gegeben: a = 10 dm; b = 5 dm; c = 4 dm
Erdmenge im Blumenkasten: V = 80 l = 80 dm³

Lösungsweg: Die Angabe der Höhe c des Blumenbeetes ist für die Lösung der Aufgabe überflüssig.
Grundschicht: 10 dm³ · 5 = 50 dm³
80 dm³ : 50 dm³ = 1,6
Die Erde steht also 1,6 dm hoch.

Lösungsplan 1

1. **Lies** die ganze Aufgabe gründlich durch.
2. Was ist **gesucht**?
3. Was ist **gegeben**?
   Welche Angaben im Aufgabentext sind also für das Lösen der Aufgabe wichtig? Notiere sie in Kurzform.
4. Prüfe den Aufgabentext daraufhin, ob bestimmte Ausdrücke (**Signalwörter**) auf eine bestimmte Rechenart hinweisen.
5. **Löse** jetzt die entsprechende Aufgabe.
6. **Kontrolliere** das Ergebnis.
7. Schreibe einen **Antwortsatz**.

Lösungsplan 2

1. **Lies** die ganze Aufgabe gründlich durch.
2. **Welcher Sachverhalt** wird in der Aufgabe dargestellt? **Wovon** handelt also die Aufgabe? Beschreibe den Sachverhalt mit eigenen Worten.
3. Was ist **gesucht?**
4. Was ist **gegeben?**
   Welche Angaben im Aufgabentext sind also für das Lösen der Aufgabe wichtig? Notiere sie in Kurzform.
5. Überlege dir den **Lösungsweg**. Falls du dabei Schwierigkeiten hast, prüfe, ob dich diese Lösungshilfen weiterbringen:
   a) Zerlege die Aufgabe in **Teilaufgaben**, unterstreiche die dafür wichtigen Angaben im Aufgabentext.
   b) Lege eine **Skizze** an.
   c) Arbeite mit einer **Tabelle**.
   d) Erinnerst du dich an eine ähnliche, schon gelöste Aufgabe?
6. Führe die **Rechnung** aus.
7. **Kontrolliere** das Ergebnis.
8. Schreibe einen **Antwortsatz**.

Lösungsplan 3

1. **Lies** die ganze Aufgabe gründlich durch.
2. Welcher **Sachverhalt** wird in der Aufgabe dargestellt? **Wovon** handelt also die Aufgabe?
3. Was ist **gesucht**?
4. Was ist **gegeben**?
   Fertige eine **Zeichnung** an und trage die gegebenen Größen ein. Wandle die gegebenen Größen in die gleichen Einheiten um, also alle Längen entweder in m oder dm oder cm.
5. Überlege dir den **Lösungsweg**:
   a) Du musst herausfinden, ob du mit dem **Umfang einer Fläche**, mit dem **Flächeninhalt** oder mit dem **Rauminhalt** arbeiten musst.
   b) Notiere dir die jeweils notwendigen Formeln.
6. Führe die **Rechnung** aus.
7. **Kontrolliere** das Ergebnis.
8. Schreibe einen **Antwortsatz**.